国家出版基金项目
NATIONAL PUBLICATION FOUNDATION

"十三五"国家重点图书出版规划项目

中国特色畜禽遗传资源保护与利用丛书

宁 都 黄 鸡

郭小鸿　杨德茂　李良鉴　主编

中国农业出版社

北　京

图书在版编目（CIP）数据

宁都黄鸡/郭小鸿，杨德茂，李良鉴主编．—北京：
中国农业出版社，2020.1

（中国特色畜禽遗传资源保护与利用丛书）
国家出版基金项目
ISBN 978-7-109-26605-6

Ⅰ．①宁…　Ⅱ．①郭…　②杨…　③李…　Ⅲ．①肉鸡—
饲养管理　Ⅳ．①S831.92

中国版本图书馆 CIP 数据核字（2020）第 030808 号

内容提要：本书的编写主要以"立足生产、注重实践、体现生态"为宗旨，从产地自然生态环境和人文历史、品种特征和性能、保护、繁育、利用、疾病防控、绿色生态生产及品牌建设等方面，着重介绍了江西省著名的优良地方肉用鸡品种、宝贵的家禽品种资源之一——宁都黄鸡。此书内容全面、实用，文字通俗易懂，可供畜牧兽医工作者、从事肉鸡研究与生产的技术人员及规模养殖场（户）参考。

中国农业出版社出版

地址：北京市朝阳区麦子店街 18 号楼
邮编：100125
责任编辑：周晓艳　王森鹤
版式设计：杨　婧　责任校对：赵　硕
印刷：北京通州皇家印刷厂
版次：2020 年 1 月第 1 版
印次：2020 年 1 月北京第 1 次印刷
发行：新华书店北京发行所
开本：720mm×960mm　1/16
印张：9　插页：2
字数：141 千字
定价：68.00 元

本书编写人员

主　编　郭小鸿　杨德茂　李良鉴

副主编　何清华　李兴辉　李　文　李小卫　刘中云

编　者（按姓氏笔画排序）

马颂华　邓榕梅　刘九生　刘中云　刘金平

苏传勇　李　文　李小卫　李方新　李兴辉

李良鉴　杨　红　杨小波　杨华英　杨德茂

吴院生　何清华　张付华　张满妹　陈玉萍

陈振海　周红霞　郭小鸿　黄欣彦　黄淑祯

章金生　曾小琴　曾卫东　曾振峰　廖建宁

审　稿　李慧芳

　　我国是世界上畜禽遗传资源最为丰富的国家之一。多样化的地理生态环境、长期的自然选择和人工选育，造就了众多体型外貌各异、经济性状各具特色的畜禽遗传资源。入选《中国畜禽遗传资源志》的地方畜禽品种达 500 多个、自主培育品种达 100 多个，保护、利用好我国畜禽遗传资源是一项宏伟的事业。

　　国以农为本，农以种为先。习近平总书记高度重视种业的安全与发展问题，曾在多个场合反复强调，"要下决心把民族种业搞上去，抓紧培育具有自主知识产权的优良品种，从源头上保障国家粮食安全"。近年来，我国畜禽遗传资源保护与利用工作加快推进，成效斐然：完成了新中国成立以来第二次全国畜禽遗传资源调查；颁布实施了《中华人民共和国畜牧法》及配套规章；发布了国家级、省级畜禽遗传资源保护名录；资源保护条件能力建设不断提升，支持建设了一大批保种场、保护区和基因库；种质创制推陈出新，培育出一批生产性能优越、市场广泛认可的畜禽新品种和配套系，取得了显著的经济效益和社会效益，为畜牧业发展和农牧民脱贫增收作出了重要贡献。然而，目前我国系统、全面地介绍单一地方畜禽遗传资源的出版物极少，这与我国作为世界畜禽遗传资源大国的地位极不相称，不利于优良地方畜禽遗传资源的合理保护和科学开发利用，也不利于加快推进现代畜禽种业建设。

为普及对畜禽遗传资源保护与开发利用的技术指导，助力做大做强优势特色畜牧产业，抢占种质科技的战略制高点，在农业农村部种业管理司领导下，由全国畜牧总站策划、中国农业出版社出版了这套"中国特色畜禽遗传资源保护与利用丛书"。该丛书立足于全国畜禽遗传资源保护与利用工作的宏观布局，组织以国家畜禽遗传资源委员会专家、各地方畜禽品种保护与利用从业专家为主体的作者队伍，以每个畜禽品种作为独立分册，收集汇编了各品种在管、产、学、研、用等相关行业中积累形成的数据和资料，集中展现了畜禽遗传资源领域最新的科技知识、实践经验、技术进展与成果。该丛书覆盖面广、内容丰富、权威性高、实用性强，既可为加强畜禽遗传资源保护、促进资源开发利用、制定产业发展相关规划等提供科学依据，也可作为广大畜牧从业者、科研教学工作者的作业指导书和参考工具书，学术与实用价值兼备。

丛书编委会

2019 年 12 月

序

言

　　我国是世界畜禽遗传资源大国，具有数量众多、各具特色的畜禽遗传资源。这些丰富的畜禽遗传资源是畜禽育种事业和畜牧业持续健康发展的物质基础，是国家食物安全和经济产业安全的重要保障。

　　随着经济社会的发展，人们对畜禽遗传资源认识的深入，特色畜禽遗传资源的保护与开发利用日益受到国家重视和全社会关注。切实做好畜禽遗传资源保护与利用，进一步发挥我国特色畜禽遗传资源在育种事业和畜牧业生产中的作用，还需要科学系统的技术支持。

　　"中国特色畜禽遗传资源保护与利用丛书"是一套系统总结、翔实阐述我国优良畜禽遗传资源的科技著作。丛书选取一批特性突出、研究深入、开发成效明显、对促进地方经济发展意义重大的地方畜禽品种和自主培育品种，以每个品种作为独立分册，系统全面地介绍了品种的历史渊源、特征特性、保种选育、营养需要、饲养管理、疫病防治、利用开发、品牌建设等内容，有些品种还附录了相关标准与技术规范、产业化开发模式等资料。丛书可为大专院校、科研单位和畜牧从业者提供有益学习和参考，对于进一步加强畜禽遗传资源保护，促进资源可持续利用，加快现代畜禽种业建设，助力特色畜牧业发展等都具有重要价值。

中国科学院院士
中国农业大学教授　吴常信

2019 年 12 月

畜禽遗传资源是一种珍贵的自然资源，是畜牧业生产发展的基础和保证，合理保护和可持续利用畜禽遗传资源，是当前研究开发的重要方向。宁都黄鸡是肉质性状优良的地方肉鸡品种，具有体型矮小，三黄（羽黄、胫黄、喙黄）、五红（冠红、髯红、脸红、眼圈红、耳叶红），母鸡尾羽呈佛手状下垂的体型外貌特征，其突出的早熟性和优良的肉质性状，使其极具开发价值，引起了我国家禽界众多学者和研究人员的关注，已成为江西省特色家禽遗传资源，列入江西省首批畜禽遗传资源保护名录。国内已有相当部分从事黄羽肉鸡研究和生产的企业，引入宁都黄鸡血源开发配套系。

宁都县是国家生态示范县，森林覆盖率达71％，自然环境条件优美，是世界上稀土含量最丰富的地区之一，宁都黄鸡在有林荫的山地、果园、竹林放牧饲养，饮水多用山泉水及地下水，这种环境生长的商品鸡，外观靓丽、肉质优良、身体健壮，是无公害的肉食产品。近年来，宁都县充分利用闲置的山地林木、果园、茶园等有利条件实施生态绿色养殖，全面推广"七个一"（一户农户、选一片山地、加盟一个合作社（公司）、建一个黄鸡养殖场、管护一片林

（果）木、实现 100 万元产值、获得 10 万元利润）林下生态养殖模式取得成功，宁都黄鸡产业成为县域支柱产业。商品鸡以味道鲜美、营养丰富而受到消费者青睐，2019 年商品鸡年出栏达 7 000 万只。

为做好这一独具地方特色家禽遗传资源的保护和利用，本书编写组收集了大量的基础数据和一线生产资料，从品种起源与形成过程、品种特征和性能、品种保护、品种繁育、营养需要与常用饲料、饲养管理、保健与疫病防控、养殖场建设与环境控制等方面，对宁都黄鸡作了翔实的介绍，供业内人员参考。

由于编写人员都是基层一线工作人员，受专业水平和资料条件等限制，本书难免存在一些疏漏，敬请读者批评指正！

编　者

2019 年 12 月

目录

第一章
宁都黄鸡品种起源与形成过程

第一节　宁都黄鸡产区自然生态条件

一、原产地、中心产区及分布范围

宁都黄鸡原名为"宁都三黄鸡"，系特优质型黄羽肉鸡，是江西省著名的优良地方肉用品种，列入了 1999 年出版的《江西省畜禽品种志》。早在南北朝时期（420—589 年）就有该鸡饲养记载，距今有 1 500 多年的饲养历史，原产地为梅江河（位于宁都境内）与琴江河（位于石城、宁都境内）流域交汇地带，即现今的江西省赣州市宁都县黄石、对坊、长胜、赖村等乡镇；中心产区为宁都县的梅江、长胜、对坊、黄石、田头、赖村、青塘、竹笮、固村、固厚、田埠、会同、湛田、石上、安福、东山坝、黄陂、小布、蔡江、钓峰等乡镇，周边的石城、于都、瑞金等县（市）也有分布。

二、产区自然生态条件

宁都县自然环境优美，自然资源丰富，是国家首批 100 个生态示范县之一。其森林覆盖率 71.3%，是世界上稀土含量最丰富的地区之一，丰富的稀土含量在果业生产上，对提高果品甜度功效已得到证实；但在宁都黄鸡养殖上，对肉质品质的影响有待研究。宁都县独特的自然生态环境为宁都黄鸡的自然繁育和品种的形成提供了得天独厚的条件。

（一）地理位置

宁都县位于江西省东南部，赣州市北部，贡江上游。地处北纬26°05′18″—

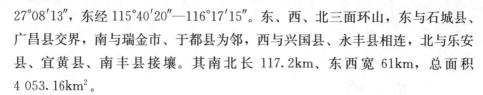

$27°08'13''$，东经 $115°40'20''$—$116°17'15''$。东、西、北三面环山，东与石城县、广昌县交界，南与瑞金市、于都县为邻，西与兴国县、永丰县相连，北与乐安县、宜黄县、南丰县接壤。其南北长 117.2km、东西宽 61km，总面积 4 053.16km²。

（二）地形地貌

宁都县全境地质构造较复杂，褶皱、断层、隆起、凹陷均有，地质基础系古生代震旦纪的浅变质岩构成。属赣南中低山丘陵区，地貌以丘陵、山地为主，全县有丘陵 1 407km²，占总面积的 34.73%；山地 1 788km²；占总面积的 44.13%。境内北部多山；中部丘陵起伏；西、北、东三面高，中间低，自北向南依次下降；西、北部边界为雩山山脉，地势较高；东部属武夷山山脉的分支；中、南部是丘陵、岗地及纵贯南北的梅江河冲积平原。境内最高点为西北部的凌云山，海拔 1454.9m；最低处是南部黄石镇石头村下车坪，海拔 154m。

（三）气候特征

宁都县属于中亚热带季风湿润气候区。气候温和，四季分明，日照充足，雨量充沛，冬无严寒，无霜期长，适宜于亚热带作物的正常生长。

1. 气温　年平均气温 14～19℃。北部山区低，南部丘陵、河谷地区高。黄石、赖村的梅江河谷和固村盆地是两个平均气温高值区，在 19℃ 以上。北部的肖田乡年平均气温仅在 14℃。极端气温也是南部高、北部低，极端最高气温南北相差较小，而极端最低气温相差较大。月平均气温 12 月至翌年 2 月都在 10℃ 以下，其中 1 月气温最低。从 3 月开始有连续 9 个月的时间，平均气温在 10℃ 以上，其中 7 月气温最高。

2. 降水　年降水量 1 500～1 700mm。总体北部稍多，南部、东部稍多于西部。4—6 月降水量占年降水量的 40%～70%。

3. 日照　多年平均日照 1 938.8h，日照百分率为 44%，太阳辐射的年平均总量为 469.63kJ/cm²。

4. 无霜期　多年平均值为 279d，最长为 319d、最短为 224d。北部初霜早，终霜晚，霜期较南部长，无霜期较南部短。根据宁都县气象局观测记录，山顶出现霜的次数较少，山间盆地出现霜的次数较多。

（四）植被

据 2010 年全县森林资源二类调查资料，全县林业用地面积 3 008.6km²，全县有林地面积 2 775.3km²。其中，乔木林面积 1 746km²，占 62.9%；经济林面积 119.3km²；疏林地面积 42km²，灌木林地面积 128.7km²，脐橙面积 66.7km²，未成林人造林地面积 24km²，苗圃地面积 40km²，无立木林地面积 26km²，宜林地面积 12.7km²，全县森林覆盖率 71.3%。植被类型多样，种属繁多。其中，茵陈、白背黄花稔、金银花、野山楂等野生药用植物共有 235 种；以木梓（油茶）、山鸡椒（果实称为山苍子）等为主的野生木本油料植物 30 多种；以松、杉、竹为主的木本植物 90 多种，其中较珍贵的木本植物有 30 多种；此外，还有纤维植物、观赏植物、淀粉植物、栲胶植物、饮料植物、杀虫植物、单宁植物、橡胶植物共 8 类，计 72 种。

（五）物产

主要特产有优质稻、宁都黄鸡、生猪、骡鸭、黄牛、灰鹅、茶油、白莲、脐橙、金柑、香菇、无籽西瓜、甘薯、茶叶等农产品；主要的矿物资源已发现的有钨、稀土、煤、石灰石、磁硫铁矿、萤石矿、高岭土、云母、钴土、铀、锰、绿柱石、重晶石、铅、锌、钛、磷、铜、钾长石、钼、锡等；工业主要以农产品加工和矿产资源开发及加工为主。

第二节　宁都黄鸡产区社会经济变迁

一、人文结构

江西省宁都县是一个具有悠久历史文化的古县，属于早期赣南客家文化的起源地之一，历史上曾设为州。自三国吴嘉禾五年（236 年）建县，至今已有 1 700 多年的历史，曾用阳都、宁都、虔化、博生等县名，元、清时期两度升为直隶州，1934 年 10 月为国民党专署驻地，中华人民共和国成立之初曾设宁都专区，1952 年并入赣州专区。自古以来拥有许多美誉，被广泛赞誉为客家祖地、文乡诗国、苏区摇篮、赣南粮仓、赣江源头。

（一）客家祖地

宁都县是早期客家摇篮，大量的谱牒研究和田野调查证实，中原汉人唐宋时期南迁进入现在的客区，最早便定居在宁都一带，站稳脚跟养足实力后，逐渐向闽西、粤东推进，成为客家人聚居和集散的中心之一，在赣、闽、粤客家大本营的发展历史中占有重要地位。

（二）文乡诗国

"诗国"之称始于宋代；明清之际，宁都文化达到巅峰。清初著名的三大散文家之一魏禧为代表的"易堂九子"的出现，以及清初"三山学派"之首易堂学馆的创立，使宁都又添"文乡"之誉。

（三）苏区摇篮

宁都是中央苏区前期的政治军事中心，是中共苏区中央局、中华苏维埃中央革命军事委员会、少共苏区中央局诞生地；是中共江西省委、江西省苏维埃政府、江西军区驻扎地；是中央苏区五次反围剿战争的指挥中心、主要战场、巩固后方，以及最后阻击和被迫放弃的核心根据地；是红军作战原则、毛泽东军事思想和实事求是思想路线的形成地。这里爆发了震惊中外的"宁都起义"，诞生了红五军团，成立了少共国际师。毛泽东、朱德、周恩来、邓小平等老一辈无产阶级革命家曾在这里进行过伟大的革命实践。全县有5.6万人参加红军，烈士1.6万多人，中华人民共和国成立初期授衔的宁都籍将军有13人，从"宁都起义"部队走出的开国将军有30人。

（四）赣南粮仓

宁都资源丰富，现有耕地507km²，年产粮食40万t以上，占赣南粮食总产量的1/5，自古就有"纵使三年两不收，仍有米谷下赣州"之称，是国家首批商品粮基地县。

（五）赣江源头

发源于宁都北部的梅江河自北向南流经11个乡镇，河道全长145km，流域面积近3 000km²，是赣江流域面积最广、长度最长、径流量最大的支流。丰富的水资源孕育了优美的生态环境。全县森林覆盖率71.3%，是全国首批100个生态环境建设示范县之一。境内有国家森林公园、国家4A级旅游景区——翠微峰，省级自然保护区——凌云山、大龙山等。另外，有大型水库——团结水库,小二型以上水库 114 座,大小河流 638 条,经流量年平均值 38.59 亿 m^3。

二、经济概况

改革开放以来,经济社会发生深刻变化,城乡居民物质文化生活水平有了明显改善。2015 年,宁都县实现生产总值 129.43 亿元,财政总收入 10.12 亿元,公共财政预算收入 7.48 亿元,财政支出 36.71 亿元,500 万元以上固定资产投资 6.799 亿元,规模以上工业增加值 26.65 亿元,实际利用外资 5 806 万美元,社会消费品零售总额 36.35 亿元,农村居民人均可支配收入 7 695 元,城镇居民人均可支配收入 19 189 元。

(一) 农业生产

宁都县作为农业大县,形成了水稻、黄鸡、果业、蘑菇、油茶等农业主导产业和茶叶,以及烟叶、席草、白莲、花卉、苗木等区域特色产业。琴江细鳞斜颌鲴水产种质资源保护区被列为国家级保护区,"四大家鱼"良种繁殖场为省级水产良种场,"宁都黄鸡"被认定为中国驰名商标,"小布岩茶""韶琳茶叶"被认定为江西省著名商标。农业生产进入平稳发展阶段,农民利益联结机制进一步稳固,拥有产值超亿元的农业产业 7 个,规模以上农业龙头企业 103 家。其中省级农业龙头企业 6 家,农民专业合作社达 121 家。

(二) 工业发展

宁都县工业依托江西易富科技有限公司、赣锋锂业股份有限公司所属宁都锂业公司两个省级产业基地,主要有矿产加工、电子家电、轻纺服装、食品加工和门业、文化创意、物流等产业。工业园总规划面积达 692.5hm^2,基础设施建设基本完成,工业园区框架基本成型。2015 年,园区规模以上工业企业 71 家,实现税收 9 236.5 万元,实现规模以上工业增加值、主营业务收入、利税总额分别达 25.6 亿元、87.2 亿元、9 亿元,县工业园区被批准为省级生态工业园区。

(三) 现代服务业

电子商务产业异军突起,集聚电商企业 78 家,实现网销额 6 亿元;宁都县

被评为省级电子商务示范基地，被列为江西省创建全国电子商务进农村综合示范试点县。旅游业加速崛起，中央苏区反"围剿"战争纪念馆被列入全国红色旅游经典景区名录，团结水库被批准为国家级赣江源水利风景区，田埠东龙村等 9 个村被列为全国乡村旅游扶贫重点村，翠微峰风景名胜区评为 4A 级风景名胜区。

三、交通基础设施

全县有公路 493 条，计 2 236km，80% 的县乡公路为水泥路。319 国道穿境而过，已经建成的济广、泉南、昌宁 3 条高速公路途经宁都县，宁定（宁都—定南）高速、广吉（广昌—宁都—吉安）高速已动工建设；鹰梅铁路、吉建客运铁路、蒙吉煤运通道至福建泉州连接线建成后从宁都县境内通过，将形成"三纵三横"的高速公路和铁路网络，奠定宁都县重要的区域交通枢纽地位。

四、主要畜产品及市场消费习惯

（一）主要畜产品

在自给自足的农耕时期，宁都县历来有"养牛为种田，养猪为过年，养鸡为换油盐"的说法，畜牧业生产较为发达，畜禽养殖以黄鸡、生猪、黄牛为主，还有少量奶牛、山羊、狗、兔、鸭、鹅、鸽等。

（二）市场消费习惯

宁都饮食文化底蕴深厚，是客家菜系主要形成地，仅在赣州市城区（章贡、黄金两区）就有宁都菜馆近 600 家。宁都菜的突出特点就是鲜，追求用材新鲜、手法鲜活、味道鲜美，其饮食消费习惯决定了宁都黄鸡等畜产品以鲜活市场销售为主。

第三节　宁都黄鸡品种形成的历史过程

一、宁都黄鸡的历史渊源与民俗及加工方式

（一）历史渊源

宁都黄鸡原名为宁都三黄鸡，原产于江西省宁都县黄石、对坊等南部乡

镇，至今已有 1 500 多年的饲养历史。据清代道光四年编的《宁都直隶州记》（土产记·羽类）中记载："鸡：徐铉（宋会稽人，字鼎臣，仕南唐，官至吏部尚书。）曰：鸡者，稽也，能稽时也，故家住所必畜。州治及瑞（金）、石（城）产者，色不外红、白、黄、黑，重不过四五斤，母鸡更小。……贫民养鸡以为利者，乡村正复不少。"其大意是：鸡能报晓，所以是家家必养的家禽之一。当时宁都（瑞金、石城为宁都州属地）都盛产，颜色有红、白、黄、黑几种，体重最大近 2.5kg，母鸡则更小，老百姓多以养鸡赚钱以备日用开销，尤以农村为盛。据此可认定，宁都黄鸡从五代十国的南唐开始至今，已有 1 500余年的饲养历史。文中描述当时宁都鸡的颜色有红、白、黄、黑几种，表明当时宁都鸡的羽色较杂，这和20世纪90年代初未进行系统选育提纯前的状况很类似。由于黄羽鸡在广东、福建等地畅销，因此群众更喜欢养黄羽鸡，使黄鸡的比例增加了。还可看出，当时宁都黄鸡的主产地就是宁都县，以及相邻的瑞金市、石城县三地交汇地带，即现在定为宁都黄鸡原产地的黄石、对坊、长胜等乡镇，也就是 1997 年宁都黄鸡开始科学选育时的引种之地。

（二）民俗及加工方式

自古以来，宁都黄鸡就是产地官吏和老百姓招待宾朋的佳肴，在民间探亲访友一般送阉鸡（俗称献鸡，即公鸡饲养至 90～100d 阉割摘除睾丸，后再养半年左右），探望孕产妇必送童子鸡（仔母鸡），男孩在发育阶段必吃 3～5 个骚鸡（未经阉割的公鸡），逢年过节、亲朋好友宴请必有鸡，杀鸡和开油锅为待上客之道。据《宁都直隶州志》（风俗记）记载："州俗向敦淳朴，款客无逾五簋，值宴会则倍其数，复以两而杀，故有六、八、十器之语。"（谚云：一年四季，六、八、十器。鱼丸、肉丸、斩鸡、灌肺、炒肉、墨鱼，堆满为是。鱼骨面煎，炆肉色豉。海参、脚鱼，主人加意。）其大意是：宁都州的风俗向来崇尚淳厚朴素，招待客人不会超过五碗菜，碰上宴席就加倍，再按规格以两碗两碗省去，所以有六、八、十碗的说法。俗话说：一年四季，六八十碗，鱼丸、肉丸、斩鸡（白斩鸡）、灌肺、炒肉、墨鱼，堆满一桌。鱼骨汤面，红烧肉，如果加上海参、甲鱼，就最能体现主人的盛情了。由此可见，白斩鸡是古时宁都乡宴中的主菜之一。

三杯鸡是江西宁都的传统名菜。据传，它的来历与民族英雄文天祥有关。南宋末年，民族英雄文天祥（江西吉水人）抗元被俘，押至大都（今北京），传劝降不成被害。人民群众十分悲痛。一位七十多岁老婆婆手拄拐杖，提着竹篮，篮内装着一只鸡和一壶米酒，来到关押文天祥的牢狱，祭奠文天祥。老婆婆却意外地见到了文天祥，悲喜交集。她见文丞相还活着，后悔没带只熟鸡，只好请求狱卒帮忙。那狱卒本是江西宁都人，心中也很钦佩文天祥，老婆婆的言行使他深受感动。想到文天祥很快就要遇害，心里也很难过，便决定用老婆婆的鸡和酒，为文天祥做一次像样的菜肴以示敬仰之情。可狱中没有像样的灶具，于是，他和老婆婆将鸡宰杀，收拾好，切成块，找来一个瓦钵，把鸡块放钵内，倒上米酒，加盐，充做调料和汤汁，用几块砖头架起瓦钵，将鸡用小火煨制。过了一个时辰，他们揭盖一看，鸡肉酥烂，香味四溢，二人哭泣着将鸡端到文天祥面前。文丞相饮米酒，食鸡肉，心怀亡国之恨，慷慨悲歌。第二天，文天祥视死如归，英勇就义，这一天是十二月初九。后来，那狱卒从大都回到老家江西宁都，每逢十二月初九这一天，必用三杯酒煨鸡祭奠文天祥。因此菜味美，便在宁都一带流传开来，逐渐成为名菜，许多大酒店、小餐馆为了改善口味，又将三杯鸡稍作改进，即一杯甜酒、一杯酱油、一杯麻油。用这三杯佐料和鸡块一并倒入砂钵内，然后加入少许凉水，生火慢煨，直至肉烂为止，其色香味俱全，鲜美无比。

宁都黄鸡除制作传统的白斩鸡和三杯鸡外，还有多种加工食用方法。在苏区时期，由于国民党封锁，物资紧缺，宁都百姓为支援红军，食盐大都留给了红军部队，蒸汤菜加工不用盐，加水直接清蒸，形成了独具特色（原汁原味）的清蒸鸡。随后开发的龙凤鸡、虫草鸡、参须鸡等都保持原汁原味，不添加盐等佐料。现代宁都人为了追求鲜味，畜禽产品清蒸汤类都不加盐，形成了宁都菜的一大特色，被外地人称为宁都"一怪"。随着人们对美食追求多样化和烹调技术的发展，又相继开发出水蒸鸡、姜丝鸡、涮鸡、炖鸡、炒鸡、烧鸡、烤鸡、香料鸡、盐焗鸡和什锦鸡等多种食用方法，以鸡头、鸡脖、鸡翅、鸡腿、鸡爪、鸡内脏为主要原料的菜品就更多了。

二、品种发掘研究与发展现状

（一）品种发掘研究

宁都黄鸡是宁都县人民在长期劳动过程中饲养、选育而形成的品种。作为我国经济性状较好的优质型地方肉鸡品种，宁都黄鸡典型的外貌特征、突出的早熟性和优异的肉质性状，使其极具开发价值，受到众多学者和研究人员的关注。

宁都黄鸡由于长期自然繁衍，因此一直存在杂毛鸡比例大、个体生长均匀度差、繁殖力和饲料转化率低等缺点。加之 20 世纪 80 年代末随着商品流通的不断活跃和粤、闽市场对宁都黄鸡的偏爱，大量纯正的土种黄鸡被当作商品鸡销往粤、闽市场，致使纯正的黄鸡比例日渐减少，个体差异不断增大，生产性能和养殖效益下滑，产销难以有更大突破，生产区域也难以扩大，严重制约了宁都黄鸡生产的进一步发展。1996 年，南昌市政府参事、江西省农业科学院张献仁研究员回故乡考察黄鸡生产，之后发表《大有希望的地方良种——宁都三黄鸡》一文，同时呈送省政府有关领导。当时，舒圣佑省长等多名省领导作了重要批示，指示有关业务部门及地方政府关注宁都黄鸡产业。宁都县委、县政府经过认真调研论证，决定从宁都黄鸡的选育提纯工作入手，抓好黄鸡生产。1997 年，江西农业大学谌澄光教授申报的"宁都黄鸡选育"课题被江西省科学技术厅列为重点课题，由谌澄光教授任课题组组长，并由江西农业大学、宁都县畜牧兽医技术服务中心近十位专业技术人员共同组成课题组研究攻关。同年，在宁都县家畜改良站建起了宁都黄鸡原种场，从宁都黄鸡的原产地黄石、对坊等乡镇精选了 3 000 套原始种鸡，作为核心群种源进行提纯选育。宁都县财政开始每年拨付 10 万元专项选育资金，宁都黄鸡的选育工作从此便有计划、有步骤、有目标地开展起来了。经过五个世代的选育，宁都黄鸡外貌趋于一致，遗传性能稳定，生产性能符合市场要求。2002 年 4 月，宁都黄鸡作为一个家禽品种通过了江西省畜禽品种审定委员会的审定，并获正式命名和畜禽品种证书。2003 年"宁都黄鸡选育"课题获"江西省科技进步三等奖"。2008—2011 年，由宁都县畜牧兽医局主持、江西农业大学参与，开展了"宁都黄鸡及配套技术示范推广"课题研究，宁都黄鸡均匀度、外貌和品质特征等遗传性能保持进一步稳定，繁育、生产性能等主要指标略有提高，饲养规模不断扩大。该课题研究结果于 2012 年通过江西省科学技术成果鉴定，被江西省科学技术厅确认为科学技术成果，2013 年获"全国农牧渔业丰收奖二等奖"和赣州市"2014 年度科学技术进步二等奖"。

（二）发展现状

宁都黄鸡受地域的限制及中心产区交通闭塞的影响，长期未被外界认识。

20 世纪 80 年代初，商品流通速度加快，交通不断改善，宁都黄鸡鲜美的肉质逐渐被外界认识，尤其备受毗邻的闽、粤市场的欢迎，开始有农户利用庭院小规模养殖。至 80 年代末，《人民日报》上刊登的一篇《十万家鸡下广州》的报道，使宁都黄鸡的外界知名度进一步扩大，黄鸡产销大幅增加，此阶段完成从一家一户散养向庭院经济的发展。90 年代初，宁都县业务主管部门推广省工省钱、方便易行、崇尚自然的"山地大棚散养法"，该县的专业户养鸡产业又向前迈进了一大步，出现"百万家鸡下广东"的产销盛况，此阶段完成由庭院经济向规模养殖的发展。2000 年后，随着宁都黄鸡养殖专业合作社的成立和企业的参与，宁都黄鸡养殖的规模化、组织化程度得到明显提高，产销量迅速增加，市场占有率、知名度和品牌效应明显提升，黄鸡养殖由规模化养殖向产业化、标准化发展。发展至今，现有黄鸡生产经营企业 7 家（其中省级农业产业化龙头企业 2 家、市级农业产业化龙头企业 2 家）、黄鸡专业合作经济组织 54 家（其中部级示范专业合作社 1 家、省级示范专业合作社 4 家、市级示范专业合作社 2 家），采用"公司＋合作社＋基地＋养殖户""公司＋基地＋养殖户""合作社＋基地＋养殖户""饲料经销户＋养殖户"的多种生产经营方式，全面推广"七个一"［一户农户、选一片山地、加盟一个合作社（公司）、建一个黄鸡养殖场、管护一片林（果）木、实现 100 万元产值、获得 10 万元利润］林下生态养殖模式，建设宁都黄鸡养殖基地 23 个、宁都黄鸡规模养殖场（户）1 380 个。"七个一"模式已推广到宁都县周边的瑞金、石城、兴国、于都、会昌等县市，2015 年宁都县黄鸡年出栏达 3 500 万只，产值达 7.5 亿元，占农业总产值的 40%，产品主要销往广东、福建、湖北、安徽、浙江等省及本省各级市场。同时，每年向广东、福建、安徽、湖南、湖北、浙江、贵州等地推广宁都黄鸡苗 1 500 万只。宁都黄鸡产业现已成为宁都县的农业特色产业、支柱产业、富民产业。

第二章
宁都黄鸡品种特征和性能

第一节 宁都黄鸡体型外貌

一、外貌特征

宁都黄鸡体型小。喙短、宽，尖部呈黄色，基部呈黄褐色。单冠，冠、肉髯、耳叶呈红色。耳毛呈淡黄色。眼圈、眼睑均呈红色。羽和皮肤呈黄色。胫、爪无羽，呈黄色。

1. 公鸡　颈粗、短，背短体宽，胸肌发达。单冠，冠直立或向一侧歪倾，冠齿5～6个，冠、髯硕大、鲜红。耳毛淡黄色。颈羽呈金黄色，背羽、翼羽呈黄色或红黄色，部分个体翼羽有黑色或褐色镶边。鞍羽呈金黄色。胸、腹羽呈淡黄色。主尾羽呈黑色，有光泽，少数有黄褐色镶边。雏鸡绒毛呈淡黄色。

2. 母鸡　颈、背较短，体矮小，胸部较发达。单冠，冠直立，冠齿4～5个。全身羽毛呈黄色，少数个体主翼羽间有黑色或褐色斑。尾短，呈佛手状下垂。雏鸡绒毛呈淡黄色。

二、体重和体尺

宁都黄鸡成年鸡（43周）体重和体尺见表2-1。

表2-1　宁都黄鸡成年鸡（43周）体重和体尺

性别	体重（g）	体斜长（cm）	胸宽（cm）	胸深（cm）	骨盆宽（cm）	龙骨长（cm）	胫长（cm）	胫围（cm）
公	2 150～2 350	22.3～23.7	8.3～8.8	9.6～10.8	7.1～7.9	13.6～14.1	9.3～9.6	4.5～4.7
母	1 550～1 650	18.9～19.6	6.7～7.5	8.2～9.5	6.5～7.1	9.82～10.54	6.6～7.6	3.4～3.8

资料来源：《宁都黄鸡》（DB 36/T 384—2019）。

第二节　宁都黄鸡生物学习性

宁都黄鸡性情温驯，群居性强，性成熟早，耐粗饲，适应性和抗病力强。健雏率97.4%～98.5%，育雏率95%，商品鸡成活率91%以上。既适应山地林下生态放牧饲养，也适应集约化养殖。

宁都黄鸡有就巢性，一般产蛋15～18枚后即进入就巢期。就巢时间长短不一，自然状态下一般为25～30d。初生至5周龄为育雏期，5周龄后为育成期，仔母鸡110～120d出栏，公鸡70～80d出栏或阉割后育肥。宁都黄鸡早熟特点尤其突出。20日龄左右已能从冠髯颜色和大小的初步变化区分出性别。公鸡30～35日龄冠髯长大，显红；40日龄左右冠鲜红并变大离枕（即最后冠叶底线离开枕部）；45日龄左右开啼；65～70日龄部分小公鸡有交配欲望，即出现绕着母鸡煽动一侧翼膀，同时蹬踏同侧脚爪的性行为方式；80日龄左右从有的小公鸡体内能采到少量精液。在人工授精情况下，公鸡以140日龄适配。母鸡70日龄冠髯开始长大，显红；80日龄耻骨开始变薄，耻骨端亦由坚硬逐渐变松脆，耻骨间距逐渐加大；90～95日龄冠髯明显变大变红；100～105日龄全群母鸡冠髯均硕大，鲜红，鸡群个体见蛋在90～100日龄，最早记录为86日龄，群体开产时间（按5%产蛋率计，不限料）为130～135日龄。

第三节　宁都黄鸡生产性能

一、生长性能

1. 初生至16周龄生长发育指标　见表2-2。

表2-2　宁都黄鸡初生至16周龄生长发育指标

周龄	体重（g）	
	公鸡	母鸡
初生	30～31	30～31
2	95～105	93～98
4	220～230	210～220
6	410～425	380～400
8	620～650	540～590

（续）

周龄	体重（g）	
	公鸡	母鸡
10	900～980	720～780
12	1 200～1 320	910～975
14	1 450～1 570	1 130～1 190
16	1 690～1 780	1 290～1 360

资料来源：《宁都黄鸡》（DB 36/T 384—2019）。

2. 出笼时间及出笼体重　宁都黄鸡商品鸡料重比（3.8～4.0）∶1，母鸡110～120日龄出笼，出笼时体重为1 300～1 500g；公鸡70～80日龄出笼，出笼时体重为950～1 200g。

二、产肉性能

1. 宁都黄鸡（16周）屠宰性能　见表2-3。

表2-3　宁都黄鸡（16周）屠宰性能指标

项目	公鸡	母鸡
前体重（g）	1 750～1 850	1 350～1 450
屠宰率（%）	89.2～92.6	88.9～91.8
半净膛率（%）	79.5～81.5	73.8～76.9
全净膛率（%）	68.6～71.2	64.1～67.5
双腿率（%）	31.2～32.0	30.1～30.9
胸肌率（%）	15.8～16.3	16.8～17.6

资料来源：《宁都黄鸡》（DB 36/T　384—2019）。

2. 宁都黄鸡肌肉主要化学成分　见表2-4。

表2-4　宁都黄鸡肌肉（胸肌）主要化学成分（%）

水分	干物质	粗蛋白质	精脂肪	粗灰分
72.2	27.8	25.3	0.8	1.3

注：宁都黄鸡原种场2002年抽样送江西农业大学测定（120日龄宁都黄鸡30只，公、母各半）。

资料来源：《中国畜禽遗传资源志　家禽志》（2010）。

3. 宁都黄鸡肉品质　见表2-5。

表 2-5　宁都黄鸡肉品质（常规）

性别	肉色	系水力（%）	失水率（%）	pH	熟肉率（%）	贮藏损失（48h）	贮藏损失（96h）
公	2.25	78.39	16.16	6.43	67.56	3.88	8.44
母	2.5	80.37	13.78	6.45	69.46	3.98	9.72
平均	2.38	79.38	14.97	6.44	68.51	3.93	9.08

注：黄鸡为 120 日龄。

资料来源：谌澄光等（2003）。

4. 宁都黄鸡氨基酸含量（鲜肉）　见表 2-6。

表 2-6　宁都黄鸡氨基酸含量（鲜肉）

测定项目	mg/g
天门冬氨酸△*	19.06
苏氨酸△	9.96
丝氨酸△	9.22
谷氨酸△	27.65
脯氨酸△	13.18
甘氨酸△	8.33
丙氨酸△	14.39
缬氨酸*	11.27
蛋氨酸*	8.76
异亮氨酸*	12.26
亮氨酸*	17.73
酪氨酸	12.47
苯丙氨酸*	11.38
组氨酸	10.69
赖氨酸	16.73
精氨酸	16.79
胱氨酸*	<0.1
色氨酸	2.35
人体必需氨基酸	90.44
氨基酸总量	222.22

注：* 人体必需氨基酸，△鲜味或甜鲜味氨基酸（测定的为 120 日龄宁都黄鸡）。

资料来源：谌澄光等（2003）。

5. 宁都黄鸡脂肪组成（鲜肉）　见表 2-7。

表2-7　宁都黄鸡脂肪组成（鲜肉）

项　目	百分比（%）
十二碳酸（C12：0）	0.26
十四碳酸（C14：0）	0.76
十五碳酸（C15：0）	0.07
十五碳烯酸（C15：1）	0.02
棕榈酸（C16：1）	25.03
棕榈油酸（C17：1）	4.05
十七碳酸（C17：0）	0.30
十七碳烯酸（C17：1）	0.08
硬脂酸（C18：0）	7.13
油酸（C18：1）	36.04
亚油酸（C18：2）	23.33
亚麻酸（C18：3）	1.11（♂：1.13）
花生酸（C20：0）	0.44
花生四烯酸（C22：4）	0.12
山嵛酸（C22：0）	0.07
芥子酸（C22：1）	0.75（♂：0.72）
其他	0.44
饱和脂肪酸含量	33.99
不饱和脂肪酸含量	65.56（♂：64.74）
人体必需脂肪酸含量	24.56（♂：22.86）

注：测定的为120日龄宁都黄鸡。
资料来源：谌澄光等（2003）。

6. 宁都黄鸡肌肉组织学特性　见表2-8。

表2-8　宁都黄鸡肌肉组织学特性

项目	肌纤维密度（根/mm²）	肌束内纤维根数	肌纤维直径（μm）	肌纤维间距（μm）	肌束间距（μm）	肌大束间距（μm）
公	525.20	70.60	27.75	10.98	45.33	141.98
母	682.60	87.80	24.12	7.88	47.61	167.32
平均	603.90	79.20	25.94	9.83	46.47	154.65

7. 肉质性状部分指标　宁都黄鸡肉质性状部分指标与国内著名地方优质肉用鸡品种的比较见表2-9。

表2-9 宁都黄鸡（120日龄）肉质性状部分指标与国内著名地方优质肉用鸡品种的比较（营养含量均指肌肉中含量）

品种	肌肉总氨基酸含量（湿样，除色氨酸和胱氨酸之外的16种，mg，以100g计）	鲜味氨基酸AA基酸，含天门冬氨基酸、谷氨基酸、鲜味丝氨基酸、脯氨基酸、苏氨基酸之丙氨基酸、甜氨基酸，mg，以100g计）	肌肉蛋白质含量（%）	不饱和脂肪酸含量（%）	亚麻酸含量（%）	芥子酸含量（%）	肌纤维直径（μm）	肌纤维密度（根/mm²）	系水力（%）	失水率（%）	熟肉率（%）	胸肌率（%）	腿肌率（%）
泰和乌骨鸡	21 248	9 903	25.20	54.43	1.05		49.19	464.55	60.59	28.87		8.06	11.79
白耳鸡	20 403	9 125	24.19	63.99	0.88		43.21	279.09	61.08	28.96		14.81	18.52
萧山鸡	20 540	9 360	24.79				30.31	481.15	58.53	30.19			
狼山鸡	18 046	8 575	24.66						61.57	28.12			
崇仁麻鸡	19 874	9 257	22.86	62.20	0.50	6.71	28.93	555.20	60.85	29.02	74.13	14.70	18.20
余干乌骨鸡	18 403	8 555	24.48	67.43	0.32	7.18	31.80	688.22	75.73	18.01	62.24	14.20	23.35
东乡绿壳蛋鸡	18 616	10 146	22.50	65.78	0.45	4.98	29.70	607.95	77.30	16.83	65.66	20.25	27.52
康乐黄鸡	20 658	10 077	25.79	63.38	0.58	3.59	33.92	472.00	79.11	15.33	65.17		
宁都黄鸡	21 987	10 179	25.54	66.81	1.11	0.75	25.84	621.13	79.38	14.97	68.51	16.92	23.67
景黄鸡	20 698	9 717	22.98	66.67	0.72	1.16	38.83	375.25	73.41	19.79	66.50		
广东矮脚黄			25.20		0.73		52.54	327.73				8.47	10.15
石岐杂鸡			24.61				50.59	299.55	65.12	25.88			
新浦东鸡			24.43										
河田鸡	20 295	9 664	21.60										
贵州黄					0.51								
江苏徐海鸡										26.68			
康达尔128CS			24.31				51.39	350.73					
北京油鸡	18 947	8 891	24.39						61.37	28.35			

资料来源：谌澄光等（2003）。

宁都黄鸡具有独特的风味特征，肉质细嫩、味道鲜美、营养丰富。据测定，宁都黄鸡肌肉蛋白质含量为 25.54％，总氨基酸含量每 100g 达 21 987mg，亚麻酸每 100g 含量为 1.11mg，7 种决定鲜味和甜鲜味的氨基酸含量每 100g 达 10 179mg，对人体健康非常有利的亚麻酸含量达 1.11％，肌苷酸含量为 43.3mg/g，牛磺酸含量为 0.65mg/g，肌纤维直径为 25.84μm，肌肉失水率为 14.79％，不饱和脂肪酸含量为 66.81％。这些指标与全国各个著名地方优质肉用鸡品种相比，均居于领先水平；而对人体有害的芥子酸含量仅为每 100g 含 0.75mg，远低于全国多个著名地方品种。

三、繁殖性能

宁都黄鸡 90～100 日龄见蛋，不限料时 130～135 日龄开产，实际生产中实行限料，控制在 155～165 日龄开产，300 日龄产蛋数 78～88 枚，初生蛋重 31～33g，300 日龄蛋重 43.5～46.5g，蛋壳颜色为浅褐色或粉色。

宁都黄鸡开产后 4～6 周达到产蛋高峰，高峰期的产蛋率为 75％～78％，但高峰期维持时间较短，一般在 4～5 周，43～45 周龄产蛋率至 50％以下，50～52 周龄产蛋率至 40％以下，随后产蛋母鸡即淘汰。

宁都黄鸡全天产蛋主要集中在 9：00～15：00，产蛋数占全天总产蛋数的 76％。随着时间的推移，产蛋数越来越少，17：00 以后则明显减少，但 19：00 仍有极少个体产蛋。

宁都黄鸡 43 周龄蛋品质性能见表 2-10。

表 2-10　宁都黄鸡 43 周龄蛋品质性能

蛋重（g）	蛋形指数	蛋壳厚度（mm）	蛋壳强度（kg/cm²）	哈氏单位	蛋黄比率（％）	蛋白高度（mm）
43.5～46.5	1.25～1.45	0.31～0.34	3.4～5.1	76.9～82.7	30.5～33.4	4.2～6.4

资料来源：《宁都黄鸡》(DB 36/T 384—2019)。

第四节　宁都黄鸡品种标准

江西省质量技术监督局于 2002 年 7 月 24 日发布的《宁都黄鸡品种标准》(DB 36/T—2002)，从 2002 年 9 月 1 日起实施。2018 年宁都黄鸡品种标准修订工作启动，江西省市场监督管理局于 2019 年 12 月 27 日发布江西省地方标准——《宁都黄鸡》（DB 36/T 384—2019），从 2020 年 6 月 1 日起由江西农业大学会同宁都黄鸡原种场实施。

2005 年 8 月宁都县质量技术监督管理局、宁都县工商管理局、宁都县农业局联合印发宁都黄鸡系列生产规程、准则，以规范宁都黄鸡生产。包括：《宁都黄鸡肉鸡生产技术规程》（Q/XMZX 001—2006）、《宁都黄鸡育雏技术规程》（Q/XMZX 002—2006）、《宁都黄鸡饲养环境标准》（Q/XMZX 003—2006）、《宁都黄鸡选种标准》（Q/XMZX 004—2006）、《宁都黄鸡饲养兽医防疫准则》（Q/XMZX 005—2006）、《宁都黄鸡饲养饲料使用准则》（Q/XMZX 006—2006）、《宁都黄鸡饲养管理准则》（Q/XMZX 007—2006）。

2010 年 3 月，农业部登记公布"宁都黄鸡"农产品地理标志及其质量控制技术规范，编号为 AG12010-02-00248。

第三章
宁都黄鸡品种保护

第一节　宁都黄鸡保种概况

一、保护区概况

宁都黄鸡品种保护区根据生态原产地产品保护相关规定，依据宁都黄鸡品种优势和特点，建立了1个原种场、1个核心种鸡场（祖代鸡场）、42个扩繁场。宁都县人民政府下发《关于界定宁都黄鸡生态原产地产品保护范围的通知》（宁府字〔2016〕27号文件），将所辖24个乡镇划定为品种保护区，保护范围位于北纬 26°05′18″—27°08′13″，东经 115°40′20″—116°17′15″，总面积 4 053.16km²。同时，制定相应的保护方案，有计划地开展品种保护工作。

宁都黄鸡原种自然保护区位于宁都县黄石镇陂塘村，处于宁都县西南部，梅江、琴江两江交汇地带，距黄石镇圩 2km，下辖8个自然村，面积5km²，农业人口 3 090 人，现常住农业人口 2 800 人，村民素有饲养黄鸡的传统。2008 年始，宁都黄鸡原种场与区内村民协商达成宁都黄鸡保种协议，建立宁都黄鸡原种自然保护区。保护区内不得引进其他鸡种饲养，饲养的鸡沿用自然繁衍的方式，以户为单位养殖，公、母按1∶（8～10）比例留种，自然交配、放牧饲养、适量补饲、统一防疫。公鸡使用年限 1～3 年，母鸡使用年限 1～2 年，由原种场技术人员指导农户选留种鸡，种公鸡实行农户间相互调换，每年原种场给予保种农户一定的补贴。建立原种自然保护区，可以保证群内基因稳定，保持优良基因不消失、优良性能不退化。

二、原种场及核心种鸡场概况

宁都黄鸡原种场是宁都县畜牧兽医局所属事业单位，是江西省农业厅批准认定的省级原种场，位于江西省宁都县梅江镇五里亭，建于 1997 年，占地面积 28 700m²，主要承担宁都黄鸡种质资源的保护和管理、宁都黄鸡世代选育和种鸡生产、向宁都黄鸡扩繁场提供优质后备种鸡等职能。技术依托宁都县畜牧兽医局，现有农业推广研究员 2 人，高级畜牧兽医师 3 人，畜牧兽医师 10 人，助理畜牧兽医师 2 人。原种场建设综合办公楼 1 栋，标准化种鸡舍 9 栋，孵化机 8 台（蛋容量 22 500 枚/台），各种防疫设施设备、粪污处理设施设备齐全，种鸡存笼 12 000 套。其中，核心保种群种鸡 1 200 套（公、母比例为 1∶12），基础群种母鸡 10 800 套（公、母比例为 1∶25）。建有 100 个家系，年可生产宁都黄鸡种苗 120 万只。2015 年起对种鸡白血病、沙门氏菌病进行了净化。

宁都黄鸡核心种鸡场是江西省惠大实业有限公司所属的祖代鸡场，位于宁都县会同乡陂头村，占地面积 33 000m²，2015 年起规划建设，2016 年 6 月竣工投产。核心群种鸡存笼 1 200 套（公、母比例为 1∶12），基础群种母鸡 8 800 套，技术依托江西省农业科学院畜牧兽医研究所。

三、种鸡扩繁场概况

宁都黄鸡已形成较为完善的良种繁育体系，全县有宁都黄鸡扩繁场 42 个，其中一级扩繁场 2 个，建有标准孵化厂，种鸡存栏 50 万套，年可生产供应宁都黄鸡商品鸡苗 5 000 万只。

为保证品种质量，宁都县畜牧兽医局依据《中华人民共和国畜牧法》《宁都黄鸡品种标准》，制定了《宁都黄鸡扩繁生产技术规程》，对扩繁场的品种引进、生产管理等进行了规范引导。

第二节　宁都黄鸡保种目标

一、重点保护性状

（一）外貌特征

重点保护宁都黄鸡的"三黄"（羽、胫、喙）、"五红"（冠、髯、眼圈、脸、耳叶）等主要外貌特征。

（二）早熟性

早熟性是宁都黄鸡十分突出的特点。20 日龄左右可从冠的高度、颜色变化分辨性别，公鸡 45 日龄左右开啼，母鸡 90～100 日龄见蛋，群体开产（按 5％产蛋率）130～135 日龄，是国内最早熟的地方鸡种之一。

（三）良好的抗病力和适应性

宁都黄鸡在自然条件下已繁衍 1 500 多年，经历了各种疫病和气候环境变化的考验，形成了较强的抗病力与适应性。

（四）优良的肉质性状

宁都黄鸡肌肉蛋白质、鲜味物质含量丰富，肌纤维直径细，亚麻酸、牛磺酸含量较高，芥子酸含量低。

二、保种目标

以稳定核心保种群数量，保持宁都黄鸡具有的优良性状，建立宁都黄鸡配套品系，满足商品鸡的生产需求为目标。宁都黄鸡原种场达到存笼种鸡 1.5 万套，其中核心保种群种鸡 1 200 套（公、母比例为 1：12），建立了 100 个家系，争取在 2025 年前宁都黄鸡原种场建成父本和母本 2 个配套品系。

第三节　宁都黄鸡保种技术措施

一、保种用鸡的选择

（一）公鸡的选择

1. 外貌选择　1 日龄鸡活泼、健壮，卵黄吸收良好，外貌符合品种要求；30 日龄应全羽生长完整，健康活泼，出冠；60 日龄羽毛丰满，健康活泼，外貌、体型、羽色、胫等符合品种要求，开啼，冠红；90 日龄毛色光亮，"三黄、五红"特征明显；成年鸡胸肌及后躯发达，冠脸红润，眼有神，健康无病，体型、羽色、胫等应符合品种要求。各阶段不符合要求的个体均应淘汰。

2. 称重　30 日龄、60 日龄和 90 日龄分别进行称重，先抽取总量 10％的样本称重，计算出平均体重，然后在外貌选择合格的基础上选留体重符合品种要求的个体。

（二）母鸡的选择

1. 外貌选择　1 日龄鸡活泼健壮，卵黄吸收良好，外貌符合品种要求；30 日龄全羽生长完整，健康活泼；60 日龄羽毛丰满，健康活泼，体型、羽色、胫等符合品种要求；90 日龄毛色光亮，"三黄、五红"特征明显；成年鸡胸肌及后躯发达，耻骨间距大于二指，冠脸红润，眼有神，健康无病，体型、羽色、胫等应符合品种要求。各阶段不符合要求的个体均应淘汰。

2. 称重　90 日龄（或上笼时）、120 日龄和 150 日龄分别进行称重。先随机选取 10％的样本称重，计算平均体重，选出体重符合宁都黄鸡要求的个体。

3. 产蛋量选择　种母鸡开产后逐个记录产蛋量，210 日龄计算该群种鸡平均产蛋量，选出产蛋量接近及大于平均值的个体。

二、保种方法

宁都黄鸡保种群的继代留种采取的是家系等量留种法，严格避开全同胞和半同胞公、母随机选配。配种采用人工授精技术，公、母比 1∶12，公鸡增加 10％备用。种鸡利用年限为初配后公鸡 1 年，开产后母鸡 9 个月（400 日龄左右，产蛋率低于 40％时淘汰）。

三、保种方式

以宁都黄鸡原种场保种为主，辅以品种保护区保种，在品种保护区农户随着城镇化发展日益减少的背景下，探索企业自行建立保护区的保种模式。

第四节　宁都黄鸡性能测定

一、生产性能及肉蛋性状测定

1997—2002 年，由江西大学谌澄光教授主持的"宁都黄鸡选育"课题组对宁都黄鸡的生长性能、屠宰性能、繁殖性能、肉质性状、蛋品质性能等进行了测定，制定了《宁都黄鸡》品种标准（DB 36/T—2002），由江西省质量技术监督局于 2002 年 7 月 24 日发布并从 2002 年 9 月 1 日起实施。

2001 年，江西省畜牧兽医局舒希凡等通过试验测定了江西省主要地方鸡种泰和乌鸡、余干黑鸡、广丰白耳鸡、崇仁麻鸡、宁都黄鸡、万载康乐黄鸡、南城五黑鸡、东乡绿壳蛋鸡、景德黄鸡与以色列隐性白羽鸡的各种脂肪酸相对含量，结果表明，油酸含量最高的宁都黄鸡为 39.31%；不饱和脂肪酸含量宁都黄鸡仅次于余干黑鸡为 66.81%，对人体有害的芥子酸含量最少的宁都黄鸡为 0.77%。

二、早熟性观测

宁都黄鸡的早熟性是其最具价值的遗传性状。宁都黄鸡选育课题组对宁都黄鸡早熟性进行了详细观测：公鸡 20 日龄左右已能从冠髯颜色和大小的初步变化区别出性别；30～35 日龄冠髯长大显红，40 日龄左右冠鲜红并变大离枕（即最后冠叶底线离开枕部）；45 日龄左右开啼；65～70 日龄部分小公鸡有交配欲望，即出现绕着母鸡煽动一侧翼膀，同时蹬踏同侧脚爪的性行为方式；80 日龄左右有的小公鸡能采到少量精液。母鸡 70 日龄冠髯开始长大显红；80 日龄耻骨开始变薄，耻骨端亦由坚硬逐渐变松脆，耻骨间距逐渐加大；90～95 日龄冠髯明显变大加红；100～105 日龄全群母鸡冠髯均硕大鲜红，鸡群个体见蛋为 90～100 日龄，最早见蛋记录为 86 日龄，群体开产时间（按 5% 产蛋率计，不限料）130～135 日龄。2002 年 11 月经江西省农业科学院科技情报研究所查新，其结论是国内没有比宁都黄鸡更早熟的地方鸡品种。

华南农业大学张德祥教授于 2000 年从宁都县引进 4 000 只宁都黄鸡饲养并进行观测后认为，该鸡种最有价值的特征是早熟，公鸡在 15 日龄已能从冠和肉垂的颜色区分出公、母，40 日龄时冠已很大很红，母鸡的开产日龄早，最早该群鸡（以肉鸡方式饲养）个体 86 日龄开始产蛋，是所有测定土鸡品种中最早熟的一个。

第五节　宁都黄鸡种质特性研究

一、RAPD 分子标记技术分析

为了揭示宁都黄鸡等江西省 8 个地方鸡种的品种特异性，江西农业大学任军等于 2001 年在江西省动物生物技术重点开放实验室采用 RAPD 分子标记技术分析了包括宁都黄鸡在内的 8 个江西地方鸡种（泰和乌鸡、余干黑鸡、广丰白耳鸡、崇仁麻鸡、宁都黄鸡、万载康乐黄鸡、南城五黑鸡、东乡绿壳蛋鸡）和1个培育鸡种（景德黄鸡）及1个外来鸡种（以色列隐性白羽鸡）共10个鸡种的基因组池 DNA 的多态性，经 OPERON A 组、B 组、C 组、D 组和 G 组共100种随机引物扩增筛选，14种引物获得了33个多态标记，计算出10个受试鸡种的片段共享度和遗传距离指数。结果表明，宁都黄鸡与其他品种的亲缘关系较远，从分子水平可认定宁都黄鸡为一个独立品种。江西农业大学胡小芬等于2004年在江西省动物生物技术重点开放实验室采用 AFLP 分子标记技术分析，利用15对 AFLP 引物组合，检测了8个地方鸡种（南城黑鸡、余干黑鸡、崇仁麻鸡、宁都黄鸡、万载康乐黄鸡、广丰白耳黄鸡、东乡绿壳蛋鸡和泰和乌鸡）、1个培育品种（景德黄鸡）和1个外来鸡种（以色列隐性白羽鸡）DNA 的遗传变异，计算了10个鸡种的遗传相似系数，从分子水平认定宁都黄鸡为一个独立品种。

二、鸡胰岛素样生长因子-1基因的遗传多态性检测

2002年，江西农业大学欧阳建华用 PCR-RFLP 技术对宁都黄鸡、泰和乌鸡、余干黑鸡、崇仁麻鸡、万载康乐黄鸡、东乡绿壳蛋鸡、罗曼、隐性白羽肉鸡的820个样本进行胰岛素样生长因子-1基因的遗传多态性研究，比较了不同鸡种的基因频率和基因型频率的分布。结果表明，宁都黄鸡具有独立的遗传多态性，其各基因频率和基因型频率分布明显不同于其他鸡种，从分子水平论证了宁都黄鸡为一个单独品种。

第四章
宁都黄鸡品种繁育

第一节　宁都黄鸡生殖生理

一、种鸡性发育

（一）种公鸡

20 日龄左右依据目测冠颜色和大小可分辨到公、母，30～35 日龄冠变大显红，40 日龄左右冠鲜红变大离枕，45 日龄开啼，65～70 日龄部分公鸡有交配行为，80 日龄能采到少量精液。

（二）种母鸡

70 日龄冠开始长大变红；80 日龄耻骨开始变薄，耻骨间距逐渐加大；90～95 日龄部分鸡冠明显变大变红；100～105 日龄全群母鸡鸡冠均硕大鲜红，同时发出"咯咯咯"的声音，90～100 日龄见蛋，群体开产时间（按 5％产蛋率）在 130～135 日龄。

二、调控技术

（一）公、母分群

1. 根据公鸡和母鸡的生殖特点提供相适应的环境条件　公鸡羽毛生长速度慢、体重大，应提供松软的垫料，垫料厚度要增加，并加强垫料管理，使之处于松软、干燥状态，避免胸囊肿的发生。对于室温，公鸡前期要较母鸡高

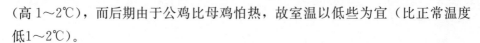

（高1～2℃），而后期由于公鸡比母鸡怕热，故室温以低些为宜（比正常温度低1～2℃）。

2. 按生理需求调整日粮营养水平　为加快公鸡的生长速度，公鸡前期日粮蛋白质水平可提高到20%～23%。母鸡对高蛋白质的利用率较低，而且多余的蛋白质可在体内转化为沉积脂肪，因此可将饲料中的蛋白质含量调整为18%～19%。

（二）体重控制

1. 饲喂方式　公鸡采取自由采食法饲喂。母鸡在12周龄前采用自由采食法，从12周龄始进行限饲，到20周龄时解除限饲过渡到定量饲喂。限饲要注意均匀，保证每只鸡都能吃到限饲的饲料量。限饲方法有限质法和限量法两种。

（1）限质法　是限制饲料的营养水平。一般采用降低能量、蛋白质含量以至赖氨酸的含量，达到限制生长发育的目的。在肉用种鸡的实际应用中，同时限制日粮中的能量和蛋白质的供给量，育成料能量不能低于11 461kJ、蛋白质控制在16%～18%。而其他的营养成分，如维生素、常量元素和微量元素则应充分供给以满足生长和各种器官发育的需要。

（2）限量法　饲料质量不变，一般按自由采食量的50%～60%计算供给。

2. 体重抽样称量　从13周开始，每周定期空腹抽样称量鸡群一次，通过抽样称量鸡群中3%～5%的鸡只（不少于50只）来检查体重增长是否符合体重标准，并计算均匀度。

3. 结合每周抽样称量体重来决定喂料量　一般抽样称量平均体重低于标准体重的1%时，则在推荐喂料量的基础上增加1%～2%；抽样称量平均体重超过标准体重时，下一周的喂料量维持上一周水平，或减少下一周所要增加的喂料量，直至鸡群体重达到标准体重范围为止，但绝对不能为达到标准体重而减少喂料量。

（三）均匀度控制

鸡群的均匀度是指鸡群的个体体重在标准体重±10%范围内的比例，一般要求鸡有70%的均匀度。只有均匀度高、体成熟一致，才能为高产奠定坚实的基础。提高鸡群均匀度的主要方法是定期称重并淘汰不符合标准的个体。

（四）光照

光照对性成熟相当重要。延长光照的结果是提前性成熟，缩短则推迟性成熟。

光照时间从开产时（130日龄）产蛋率达到5％时的12h左右，在产蛋期间一般要逐渐达到16h，以后保持不变，光照时间只能逐渐延长，而不能缩短。自然光照不足时，要用人工光照加以补充。人工光照的光源一般用节能灯，鸡舍光照强度要求在8～10lx/m²（节能灯1～1.2W/m²）。

第二节　宁都黄鸡种鸡饲养与配种

一、种鸡饲养管理

（一）育雏及育成阶段前期的饲养管理（初生至105日龄）

1. 育雏前的准备

（1）房舍及设施的准备　根据育雏数量准备相应的育雏舍、保温设备、供水供料设备、垫料等，并进行全面检查和维修。

（2）清洁和消毒　接雏前1～2周育雏舍及所有设备用具彻底冲洗干净后，用2％氢氧化钠溶液（或其他消毒药）喷雾或浸泡消毒，然后将所有用具和设备、垫料放入育雏舍内，用福尔马林和高锰酸钾密闭熏蒸24h。

2. 育雏的基本条件

（1）温度和湿度　育雏第1周的育雏温度为32～34℃，以后每周下降1～2℃，夏季20日龄左右可脱温，冬季25～30日龄可脱温。相对湿度以55％～70％为宜。

（2）光照　出壳3d内可采用24h弱光照（1～3W/m²），以后逐步取消人工光照，只用自然光照。

（3）通风　必须勤清粪，以保证空气清新，以无恶臭或有害气体为原则。

（4）饲喂　采用自由采食、自由饮水的方式，饲喂小鸡全价破碎料，20日龄开始掺入20％中鸡料，以后隔1d增加20％中鸡料，直到全部过渡到中鸡料。60日龄开始掺入20％大鸡料，以后隔1d增加20％大鸡料，直到全部过渡到大鸡料。饮水应达到二级饮用水标准。

（5）上笼　后备公鸡90～95日龄、后备母鸡100～105日龄上笼，笼具全部使用单笼。上笼前适量增加多种维生素防止应激。

（二）上笼后的饲养管理

1. 公鸡上笼后的饲养管理　公鸡上笼后用专用公鸡料饲喂，日喂料100～110g/只，分两次投料；饮水清洁，自由饮用。120日龄左右开始进行采精调教。

2. 母鸡上笼后的饲养管理　母鸡上笼后进行限饲，方法可采用限料法，即将日供料控制在35～40g/只，140日龄开始换用产蛋前期料，3～4d过渡到正常的投料量85g～90g/只。155d可开始输精，160d达标种蛋可收集入孵，170日龄可用3～4d过渡到产蛋高峰期料。饮水清洁，自由饮用。

3. 温度要求　13～24℃为产蛋适宜温度，过高或过低都会产生应激。冬季应放下卷帘保温，高温季节应注意防暑降温，一般采用水帘降温。

4. 光照　从开产（130日龄）起，每周增加人工光照0.5～1h，直至每天达16～17h，即保持恒定。使用节能灯，强度为1～1.2W/m²。

（三）产蛋过程的管理

（1）保证鸡群环境的安静、稳定，避免惊群。
（2）保持相对稳定的饲喂量、光照时间、光照强度及饲养密度等。
（3）搞好环境卫生，每周带鸡消毒1次。
（4）根据不同季节特点做好相应的管理。

（四）生物安全要求

（1）应避免外来人员和车辆进入生产区。
（2）凡进入生产区的饲养员、工作人员必须更衣，保持清洁，换鞋（要求水鞋泡到消毒液内），用酒精棉擦手或用0.02%新洁尔灭溶液洗手。消毒池内的消毒液每天更换一次，尽量避免日光直射。
（3）每栋鸡舍应做到人员固定、用具固定，严禁串舍。
（4）及时清除鸡粪，保持舍内环境及用具清洁，每周进行1～2次环境消毒和带鸡消毒。
（5）加强饲养管理，提高鸡群的抵抗力和健康水平。特别注意饲料、饮水的卫生和质量，同时给鸡群提供适宜的温度、湿度、通风等环境。

（6）每天必须仔细观察鸡群健康状况，发现问题及时采取控制措施。

（7）死鸡必须进行无害化处理，死鸡、死胚等可投入化尸窖，鸡粪每 3d 清理一次，并通过污道及时运出场。

（8）污水进入沼气池，达标后排放。

（9）以栏舍为单位采用"全进全出"的饲养制度。

（五）疫病预防

1. 常见的细菌性传染病　如沙门氏菌病、大肠埃希氏菌病、禽霍乱、传染性鼻炎等，视实际情况可不定期用微生态制剂、中药制剂预防。若发病在初期应及早作出准确诊断，及早治疗，不至于形成慢性流行。长期有慢性疫病流行的鸡群，应及时淘汰。

2. 病毒性传染病　严格按免疫程序接种疫苗并严格执行生物安全措施。

二、配种

（一）公、母配比

公、母比核心群 1∶12，扩繁群 1∶25。

（二）公鸡精液品质评价

1. 射精量　0.4～0.8mL。

2. 精液外观　乳白色或微显黄色，无杂质、无血块、不透明的乳状液体，精子密度越大乳白色越浓。

3. 精子数量　20 亿～40 亿个/mL。

4. 精子形态　畸形率在 5%～15%。

（三）配种方法

采用人工授精方法配种。

1. 采精

（1）用具准备　集精杯、集精试管、输精器等用生理盐水冲洗、消毒、烘干后备用。

（2）种用公鸡准备　应剪去公鸡泄殖腔周围的羽毛。

（3）采精操作　一般采用腹背结合按摩，由2人操作。保定员握住公鸡双腿，自然分开，鸡头向后，呈自然交配姿势。采精员以左手四指并拢与拇指分开，掌心向下，紧贴公鸡腰背向尾部按摩数次，公鸡有性反射时，左手翻转将尾羽拨向背部，同时右手掌紧贴腹部柔软处，食指与拇指分开，置于耻骨下缘，抖动向上按摩。当泄殖腔翻开时，左手拇指与食指轻轻挤压泄殖腔外缘，此时右手将集精杯迅速翻向泄殖腔开口承接精液。此法还可以一人操作，即采精员用两腿保定公鸡，使头向后靠左侧，再按摩采精。有的调教好的或性反射强的公鸡，不需保定或只需按摩背部，便可迅速采得精液。整个动作要迅速连贯，异常精液（粉红色、酪絮状、胶状、溶剂状、灰褐色）均不可使用。

（4）采精间隔　公鸡一般是隔天采精或采精2d休息1d，以保证公鸡有充分的恢复时间。

2. 输精

（1）精液要求　应现采现用，装有精液的试管要注意保温、避光。

（2）输精操作　助手左手伸入笼内抓住母鸡双腿，尾部向上拉至笼门口，右手拇指和其余手指分别放在泄殖腔两侧向下挤压即可使泄殖腔翻出，输卵管口位于鸡体左侧，然后将输精器插入输卵管2～3cm深，将精液输入。在输精时，助手压迫腹腔的手要稍微放松，使阴道部自然缩回泄殖腔内。整个动作要柔、细、活，避免损伤母鸡。

（3）输精量　约0.025mL。

（4）输精间隔　4d。

（5）输精时间　冬、春季时间为15：00～17：00，夏、秋季为16：00～18：00。

采用人工授精时注意：对公鸡和母鸡要进行仔细观察，病鸡不予采精和输精；工序完成后应把用具冲洗消毒，烘干备用。

第三节　宁都黄鸡胚胎发育

鸡的胚胎发育依赖种蛋中贮存的营养物质，分为母体内发育和母体外发育两个阶段。

一、母体内发育

从卵巢排出的卵子被输卵管漏斗部接纳，在此与精子相遇受精。母鸡体温达41.5℃，适合胚胎发育。经过24h的不断分裂而形成一个200多个细胞的胚胎，鸡胚发育已达到具有内、外胚层的原肠，照蛋或剖视可见形似圆盘状的胚盘。蛋产出体外后，由于温度一般低于胚胎发育所需温度即暂停发育。

二、母体外发育

鸡胚胎母体外的发育，主要依靠外界条件，即温度、湿度、通风、转蛋等。蛋产出后，当温度达到胚胎发育所需的温度时胚胎继续发育。目前鸡胚胎母体外的发育有自然孵化和人工孵化。

1. 自然孵化　就是在自然繁衍状态下，利用母鸡的就巢性孵出雏鸡。

2. 人工孵化　就是仿照母鸡抱孵，人为创造适合鸡胚生长发育的各种孵化条件达到孵出雏鸡的目的。现采用机器孵化法，孵化量大，适合专业化、规模化生产。

三、胚胎发育过程及特征

从受精蛋入孵到雏鸡破壳而出产，孵化期为21d。

第1天：在入孵的最初24h，即出现若干胚胎发育过程。4h心脏和血管开始发育；12h心脏开始跳动，胚胎血管和卵黄囊血管连接，从而开始了血液循环；16h体节形成，有了胚胎的初步特征，体节是脊髓两侧形成的众多的块状结构，以后产生骨骼和肌肉；18h消化道开始形成；20h脊柱开始形成；21h神经系统开始形成；22h头开始形成；24h眼开始形成。中胚层进入暗区，在胚盘的边缘出现许多红点，称"血岛"。

第2天：25h耳开始形成，卵黄囊、羊膜、绒毛膜开始形成，胚胎头部开始从胚盘分离出来，照蛋时可见卵黄囊血管区形似樱桃，俗称"樱桃珠"。

第3天：60h鼻开始发育；62h腿开始发育；64h翅开始形成，胚胎开始转向成为左侧下卧，循环系统迅速增长，照蛋时可见胚和延伸的卵黄囊血管形似蚊子，俗称"蚊虫珠"。

第4天：舌开始形成，机体的器官都已出现，卵黄囊血管包围蛋黄达1/3，胚胎和蛋黄分离。中脑迅速增长，胚胎头部明显增大，胚体更为弯曲。胚胎与卵黄囊血管形似蜘蛛，俗称"小蜘蛛"。

第 5 天：生殖器官开始分化，出现两性的区别，心脏完全形成，面部和鼻部也开始有了雏形。眼的黑色素大量沉积，照蛋时可明显看到黑色的眼点，俗称"单珠"或"黑眼"。

第 6 天：尿囊达到蛋壳膜内表面，卵黄囊分布在蛋黄表面，羊膜壁上平滑肌收缩，胚胎开始有规律地运动。蛋黄由于蛋白水分的渗入而达到最大的重量，由原来约占蛋重的 30%增至约 65%。喙和"卵齿"开始形成，躯干部增长，翅和脚已可区分。照蛋时可见头部和增大的躯干部两个小圆点，俗称"双珠"。

第 7 天：胚胎出现鸟类特征，颈伸长，翼和喙明显，肉眼可分辨机体的各个器官，胚胎自身有体温。照蛋时胚胎在羊水中不容易看清，俗称"沉"。

第 8 天：羽毛按一定羽区开始发生，上下喙可以明显分出，右侧蛋巢开始退化，四肢完全形成，腹腔愈合。照蛋时胚在羊水中浮游，俗称"浮"。

第 9 天：喙开始角质化，软骨开始硬化，喙伸长并弯曲，鼻孔明显，眼睑已达虹膜，翼和后肢已具有鸟类特征。胚胎全身被覆羽乳头，解剖胚胎时，心脏、肝脏、胃、食道、肠和肾脏均已发育良好，肾上方的性腺已可明显区分出雌雄。

第 10 天：腿部鳞片和趾开始形成，尿囊在蛋的锐端合拢。照蛋时，除气室外整个蛋布满血管，俗称"合拢"。

第 11 天：背部出现绒毛，冠出现锯齿状，尿囊液达最大量。

第 12 天：身躯覆盖绒羽，肾脏、肠开始有功能，开始用喙吞食蛋白，蛋白大部分已被吸收到羊膜腔中，从原来占蛋重的约 60%减少至 19%左右。

第 13 天：身体和头部大部分覆盖绒毛，胫出现鳞片。照蛋时，蛋小头发亮部分随胚龄增加而减少。

第 14 天：胚胎发生转动而同蛋的长轴平行，其头部通常朝向蛋的大头。

第 15 天：翅已完全形成，体内的大部分器官大体上都已形成。

第 16 天：冠和肉髯明显，蛋白几乎全被吸收到羊膜腔中。

第 17 天：肺血管形成，但尚无血液循环，亦未开始肺呼吸。羊水和尿囊也开始减少，躯干增大，脚、翅、胫变大，眼、头日益显小，两腿紧抱头部，蛋白全部进入羊膜腔。照蛋时蛋小头看不到发亮的部分，俗称"封门"。

第 18 天：羊水、尿囊液明显减少，头弯曲在右翼下，眼开始睁开，胚胎转身，喙朝向气室，照蛋时气室倾斜。

第 19 天：卵黄囊收缩，连同蛋黄一起缩入腹腔内，喙进入气室，开始肺呼吸。

第 20 天：卵黄囊已完全被吸收到体腔，胚胎占据了除气室之外的全部空间，脐部开始封闭。尿囊血管退化。雏鸡开始大批啄壳，啄壳时上喙尖端的破壳齿在近气室处凿一个圆的裂孔，然后沿蛋的横径逆时针敲打至周长 2/3 的裂缝。此时雏鸡用头、颈顶，两脚用力蹬、挣，20.5d 大量出雏。颈部的破壳肌在孵出后 8d 萎缩，破壳齿也自行脱落。

第 21 天：雏鸡破壳而出，绒毛干燥、蓬松。

第四节　提高宁都黄鸡繁殖成活率的技术措施

一、保证种鸡群健康

主要有：落实各项生物安全措施，严格做好消毒、无害化处理、废弃物的处理等工作；加强日常饲养管理，冬季要解决好通风与保温的关系，夏季要做好防暑和湿帘降温工作；控制产蛋期母鸡体重，提高鸡群均匀度；做好免疫接种、抗体监测及疫病净化工作；提高饲料品质，不使用易受病原性微生物污染的动物性蛋白质类饲料原料，对于那些影响鸡群健康和受精率、孵化率的饲料原料也严禁使用；建立稳定、高效的饲养员队伍；规范、细致地做好人工授精操作。

二、严格执行人工孵化操作技术规程

1. 做好入孵前的准备　入孵前应把孵化机的系统逐一检查，校正性能，并试机 1~2d，一切正常方可入孵；同时所有设备和用具彻底冲洗干净，然后用新洁尔灭溶液擦拭，再用福尔马林和高锰酸钾溶液熏蒸消毒。

2. 选择好孵化用的种蛋　种蛋应来自健康、无病的种鸡群，鸡蛋表面清洁、蛋壳厚薄均匀、蛋形及颜色正常、无破损。畸形蛋，如长形蛋、扁形蛋、过大蛋、腰鼓蛋、砂皮蛋、裂纹蛋，以及用灯照检时蛋内部粘壳，散黄、蛋黄流动性大、蛋内有气泡、气室偏、气室流动，气室在中间或小头的蛋等都不能选作孵化用的种蛋。

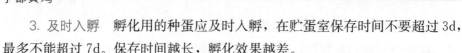

3. 及时入孵　孵化用的种蛋应及时入孵，在贮蛋室保存时间不要超过3d，最多不能超过7d。保存时间越长，孵化效果越差。

4. 做好种蛋的消毒工作　种蛋产出后，受粪便、灰尘等污染，蛋壳表面有大量的细菌，不但影响种蛋的孵化，而且会污染孵化器和用具，传播各种疾病。种蛋入孵前，必须严格消毒。常见用消毒方法有以下4种。

（1）甲醛熏蒸法　先将种蛋装入孵化器内，然后熏蒸。用药量按每立方米空间用高锰酸钾21g、福尔马林溶液42mL的量计算。先将高锰酸钾放入瓷盆中，将盆放在孵化器底部，加入少量温水，再将福尔马林缓慢倒入盆中，立即关闭孵化器，熏蒸30min后打开孵化器门或打开风机进行通风，排出剩余甲醛蒸气，待无气味后关闭孵化器箱门开机升温。操作时，化学反应剧烈，要注意安全。

（2）新洁尔灭消毒法　用0.1%新洁尔灭水溶液，喷洒种蛋表面。

（3）高锰酸钾消毒法　将种蛋放在40℃的0.2%高锰酸钾水溶液中浸泡2min，然后沥干，孵化。

（4）紫外线照射消毒法　把种蛋放在离紫外线光源40cm处照射1min，然后翻面再照射1min。

以上4种方法在孵化中都有应用，但甲醛熏蒸法用得最普遍，消毒效果好，方法简便。

5. 控制孵化温度　种蛋入孵前12h要进行预热处理。方法是将种蛋大头朝上码在蛋盘里，放在22～25℃环境中预热。上蛋时间最好在16：00左右，这样能使出雏高峰出现时间在白天，便于工作。孵化温度从开始孵化至18d是37.8℃，19～21d（出雏）的温度是37.5～37.3℃。温度过高，鸡胚胎死亡或增加跛腿鸡和畸形鸡的概率；若温度低于24℃，经30h胚胎就会大部或全部死亡。因此，要正确掌控孵化的温度。

6. 严格把握孵化湿度　种蛋孵化1～18d时需要的相对湿度为50%～60%，19～21d需要的相对湿度为60%～70%。种蛋孵化时湿度适当，可使胚胎受热均匀；在孵化后期，有利于胚胎散热；出雏时湿度较高，雏鸡容易破壳。

7. 孵化通风　胚胎发育时需要吸入氧气，排出二氧化碳，尤其是在孵化后期，更需要氧气。氧气供给不足，雏鸡会闷死在壳内。通风可提供新鲜空气，并保证孵化器内的温度、湿度均匀，同时排出污浊气体。

8. 定时翻蛋　长时间不翻蛋，胚胎容易与蛋壳膜粘连，影响发育。翻蛋的目的是为了改变胚胎位置，防止胚胎与蛋壳膜粘连，并可适当增加胚胎运动，促进胚胎血液循环。1～10d 每小时翻蛋 1 次，11～16d 每 2 小时翻蛋 1 次，孵化到 18d 时停止翻蛋。翻蛋是使整个蛋架向前或向后倾斜 45°角，动作要轻、稳、慢。

9. 按时照蛋　鸡蛋孵化到第 5 天进行头照，第二次照蛋在孵化的第 18 天。照蛋的目的是为了查出无精蛋和早期死胚蛋。无精蛋没有血丝，呈透明状，无眼点，照蛋时能看到淡淡的蛋黄阴影，气室界线模糊，看不到血管及胚胎。

10. 按时换盘　将种蛋从孵化器的孵化盘移至出雏盘俗称换盘。种蛋孵化到 18d 时换盘，19d 时雏鸡嘴已入气室内，开始啄壳，20d 陆续出壳，21d 出壳结束。由于孵化机中的温度不可能绝对均匀，因此胚胎的发育速度也有一定的差异。为调节胚胎发育速度，换盘时原在上层的胚蛋应换到下层，原在下层的胚蛋应换到上层，原在两侧的胚蛋应调到中间，原在中间的胚蛋应调到两侧。

11. 及时拣雏　雏鸡绒毛干后即可进行，每隔 3～4h 拣一次。

12. 接种疫苗　雏鸡出壳后，应在 24h 内接种马立克疫苗（用 CVI988 液氮疫苗颈部皮下注射），同时用翻肛法鉴别公、母。

第五章
宁都黄鸡营养需要与常用饲料

第一节　宁都黄鸡营养需求

宁都黄鸡的生长需要能量、蛋白质、维生素和矿物质、水等。

一、能量

(一)维持能量需要

主要是维持基础代谢的需要。基础代谢是指鸡静止条件下的能量消耗，包括内脏器官活动和维持体温所需要的能量。只有鸡从饲料中摄取的能量超过维持需要时，才能用于生产。同样条件下，生产性能越高，用于维持的能量相对越少；体型越大，用于维持需要的能量越多。维持能量需要不会随产蛋量、增重变化有太大变化。

(二)生产能量需要

鸡的生产能量需要依生长阶段和生产目的不同而有差别。

1. 生长鸡的能量需要　生长鸡的能量需要主要用于增重，不同生长阶段鸡增加的体重中蛋白质和脂肪的比例不同，机体成分的变化也不相同，需要的能量也有差别。由于初期鸡的生长速度相对快，后期慢，体组织的变化前期以蛋白质增加较多，后期脂肪含量增加较快，能量需要也相对增多。因此，要求日粮前期蛋白质较多，后期蛋白质可略少一些，但要保证能量供应。尤其是宁都黄鸡多为山地放养，运动量较大，能量消耗也较大，在营养供给时要考虑适当增加能量供应，以达到肉鸡育肥效果。

2. 产蛋鸡的能量需要　产蛋鸡的能量需要是根据蛋中的能量、维持能量，以及饲料能量用于产蛋的效率进行估算的，并可根据不同的产蛋时期调整日粮营养水平。

（三）能量的来源

1. 碳水化合物　淀粉、糖在谷物中含量较高，是鸡的主要能量来源。当供给过多时，一部分碳水化合物在鸡体内转化成脂肪。

2. 脂肪　脂肪的能量含量是碳水化合物的 2.25 倍。机体各组织器官和鸡蛋内都含有脂肪，一定数量的脂肪对鸡的生长发育、成鸡的产蛋和饲料利用均有良好的作用。日粮中的脂肪过多，使鸡过肥，会影响产蛋并有可能引起"脂肪肝"。

二、蛋白质

蛋白质是饲料中含氮物质的总称。鸡的每日蛋白质需要量包括三部分：第一，用于维持需要的蛋白质；第二，用于生长需要的蛋白质；第三，若产蛋，用于产蛋需要的蛋白质。

蛋白质是由氨基酸组成的，这些氨基酸可分为两大类：一类是必需氨基酸，另一类是非必需氨基酸。所谓必需氨基酸是指在鸡体内不能合成或合成的量很少，不能满足鸡的生长和产蛋需要，必须由饲料供给的氨基酸。在鸡的必需氨基酸中，蛋氨酸、赖氨酸、色氨酸在一般谷物中含量较少，缺乏时往往会影响其他氨基酸的利用率，因此这 3 种氨基酸又称为限制性氨基酸。在鸡的日粮中，除了供给足够的蛋白质、保证各种必需氨基酸外，还要注意各种氨基酸的比例搭配，这样才能满足鸡的营养需要。

三、维生素

维生素是一种特殊的营养物质。鸡对维生素的需要量虽然很少，但它却是鸡体内辅酶的组成成分，对保持鸡体健康、促进其生长发育、提高产蛋率和饲料利用率都有重要作用。维生素的种类很多，性能和作用各不相同，但归纳起来可分为两大类：一类是脂溶性维生素，另一类是水溶性维生素。青饲料中含水溶性维生素的量较多。

四、矿物质

矿物质在鸡体内约占4％，有些是构成骨骼、蛋壳的重要成分，有些分布于羽毛、肌肉、血液和其他软组织中，还有些是维生素、激素、酶的组成成分。矿物质元素虽不能供给鸡体能量，但它参与鸡体内新陈代谢、调节渗透压和维持酸碱平衡，是维持鸡体正常生理功能和生产所必需的。鸡需要的矿物质可分为常量元素和微量元素两大类。在配合饲料日粮时，要考虑添加矿物质元素。

五、水

各种饲料与鸡体内均含有水分。鸡体内水分含量为50％～60％，主要分布于体液、肌肉中。水是鸡生长、产蛋所必需的，对鸡体内正常的物质代谢有着特殊的作用。鸡体内各种营养物质的消化、吸收，代谢废物的排出，血液循环，体温调节等都离不开水。鸡对水分的需要比食物更为重要，如果饮水不足，饲料消化率和鸡群产蛋率就会下降，严重时会影响鸡体健康，甚至引起死亡。

第二节　宁都黄鸡常用饲料与日粮

一、常用饲料种类及营养特点

饲料通常可以分为能量饲料、蛋白质饲料、青绿饲料、矿物质饲料及饲料添加剂等。

（一）能量饲料

能量饲料主要是谷实类和糠麸类饲料。这类饲料的特点是含淀粉丰富，含少量的蛋白质和脂肪，易消化吸收，含其他营养物质很少。这类饲料是饲养宁都黄鸡的主要饲料，约占配合饲料的70％。

1. 谷实类　主要有玉米、碎米等。

（1）玉米　含能量高，纤维少，适口性好，为鸡的优良饲料。

（2）碎米　碎米的营养与玉米相近，适口性好，也是鸡良好的能量饲料。

2. 糠麸类　糠麸类饲料主要是米糠、麸皮、次粉等，是一类低能量的饲料，但含有丰富的 B 族维生素。鸡对其利用率较低，在配合饲料中添加量较少。

（1）米糠　米糠是大米加工后的副产物，含有较多的脂肪和蛋白质。米糠提取油脂后的产品称为米糠粕，除脂肪含量和能量下降外，其他营养物质和米糠基本相同。

（2）麸皮　麸皮是小麦加工后的副产物，因比重小，所以可降低饲料的容重，帮助饲料消化和吸收。

（3）次粉　是面粉加工后的副产品，含能量较高，是糠麸类中营养价值较高的一种。

（二）蛋白质饲料

1. 豆粕　豆粕是用大豆浸提法加工后的副产品，含粗蛋白质 40%～48%，赖氨酸含量比较高，但缺乏蛋氨酸，常同其他粕类或鱼粉配合使用。

2. 菜籽粕　菜籽粕中粗蛋白质含量较高，含有较多的钙、磷、B 族维生素等，但适口性差，在饲粮中含量占 5% 左右。

3. 进口鱼粉　鱼粉中不仅蛋白质含量高，而且氨基酸、维生素含量丰富，矿物质含量也较全面，钙、磷含量高、比例适当。

（三）矿物质饲料

矿物质尽管占鸡体体重的比例较低，却在鸡生长和生产中发挥重要作用。饲料中钙、磷含量不足或比例不当，会使骨骼发育不良，出现佝偻病，种鸡产薄壳蛋或软壳蛋等。

1. 食盐　氯和钠的作用主要是维持体液和组织细胞的渗透压，调节机体含水量。另外，钠与钾的相互作用参与神经组织冲动的传递过程。鸡日粮中缺乏氯化钠，则会引起食欲下降，消化障碍，雏鸡生长发育速度迟缓，出现啄癖，种鸡产蛋量下降，蛋重减轻。生产中，主要提供食盐来满足宁都黄鸡对氯和钠的需要。鸡日粮中食盐的含量通常为 0.5%～1.0%，过量会引起中毒。

2. 钙粉　俗称石灰石、石粉，是一种化合物，呈碱性，基本上不溶于水，但溶于酸。钙粉中含钙量在 30% 以上，且容易被消化吸收，是鸡的良好钙质矿物质饲料。

3. 磷酸氢钙　是白色、无味、无臭的粉末，微溶于水，溶于稀盐酸。含

钙、磷的比例是 3 : 2，接近肉仔鸡需要的平衡比例，用在配合饲料中可同时起到既补磷又补钙的作用。

（四）饲料添加剂

饲料添加剂的作用主要是完善饲料营养价值，提高饲料利用率，促进宁都黄鸡的生长和疾病防制，减少饲料在贮存期间的营养物质损失，提高适口性，增加食欲，改进产品质量等，目前饲料添加剂的品种比较多，按使用性质可分为营养性饲料添加剂和非营养性饲料添加剂两类。

二、常用日粮配方

1. 日粮配合原则　日粮中必须包含宁都黄鸡维持自身生命和满足生长及繁殖的能量、蛋白质、维生素和各种矿物质。饲料成本通常占饲养总成本的 60%～70%。配制日粮时一般应遵循如下原则：

（1）要注意饲料种类　选用多种原料，提高各种原料的利用率。

（2）考虑饲料的来源　配合日粮要考虑原料的来源、采购、运输和加工，保证满足生产的需要。

（3）注意饲料品质和适口性　变质的饲料对鸡的危害性很大，鸡对霉菌毒素的易感性大、耐受力低。日粮的适口性对采食量影响较大。

（4）日粮的配合要相对稳定　日粮的营养成分对宁都黄鸡的生长发育有着直接的关系，应尽可能保证日粮中各种营养成分的含量和比例相对稳定。

（5）日粮的配合要有利于降低饲料成本　在保持不降低日粮营养水平的条件下，尽可能选择性价比最优的原料，筛选最优的配方。

2. 常见日粮配方

（1）宁都黄鸡的典型日粮配方　见表 5-1。

表 5-1　宁都黄鸡典型日粮配方

项　目	小鸡	中鸡	大鸡	育肥鸡
饲料原料				
玉米（%）	53	59	63	63
豆粕（%）	31	25	19	20.5
进口鱼粉（%）	2			
次粉（%）	10	11	12	10

（续）

项　目	小鸡	中鸡	大鸡	育肥鸡
豆油（%）		1	2	2.5
石粉（%）				
预混料（%）	4	4	4	4
合计（%）	100	100	100	100
主要营养水平				
粗蛋白质	≥19.0	≥16.0	≥14.5	≥14.5
粗纤维	≤8.0	≤8.0	≤8.0	≤8.0
粗灰分	≤8.0	≤9.0	≤9.0	≤9.0
钙	0.3~1.5	0.3~1.5	0.3~1.5	0.3~1.5
总磷	≥0.3	≥0.3	≥0.3	≥0.4
食盐	0.15~0.8	0.15~0.8	0.15~0.8	0.2~0.8
水分	≤13.5	≤13.5	≤13.5	≤13.5
赖氨酸	≥1.50	≥1.20	≥0.8	≥0.8

（2）宁都黄鸡所需饲料营养水平　见表5-2。

表5-2　宁都黄鸡所需饲料营养水平

营养成分	1~30日龄	31~70日龄	71日龄以上
代谢能（kJ/kg）	1 239	1 260	1 386
粗蛋白质（%）	20.0	17.0	15.0
赖氨酸（%）	0.85	0.65	0.55
蛋氨酸（%）	0.34	0.3	0.25
色氨酸（%）	0.17	0.17	0.17
钙（%）	0.9	0.85	0.65
有效磷（%）	0.52	0.45	0.35
钠（%）	0.30	0.20	0.30
盐（%）	0.30	0.30	0.30
锰（mg/kg）	60	60	60
锌（mg/kg）	40	40	40
铁（mg/kg）	80	80	80
碘（mg/kg）	0.44	0.44	0.44
铜（mg/kg）	8	8	8

（续）

营养成分	1～30 日龄	31～70 日龄	71 日龄以上
硒（mg/kg）	0.1	0.1	0.1
维生素 A（IU/kg）	1 500	1 500	1 500
维生素 D_3（IU/kg）	200	200	200
维生素 E（IU/kg）	10	10	10
维生素 K_3（mg/kg）	2.2	2.2	2.2
维生素 B_1（mg/kg）	1.8	1.8	1.8
维生素 B_2（mg/kg）	3.6	3.6	3.6
维生素 B_{12}（mg/kg）	0.009	0.009	0.009
胆碱（mg/kg）	1 300	1 300	1 300
叶酸（mg/kg）	0.55	0.55	0.55

（3）宁都黄鸡种鸡生长期日粮配方　见表 5-3。

表 5-3　宁都黄鸡种鸡生长期日粮配方

项　目	0～6 周龄	7～14 周龄	15～20 周龄
饲料原料			
玉米（%）	62.5	67.0	74.9
麦麸（%）	8.0	10.0	15.0
次粉（%）	5.0	3.0	0.0
豆粕（%）	20.0	15.5	8.1
菜籽粕（%）	9.0	3.0	0.0
矿物粉（%）	1.5	1.5	2.0
食盐（%）	0.25	0.25	0.3
每千克添加			
多种维生素（g）	0.03	0.03	0.03
多种微量元素添加剂（g）	0.1	0.1	0.1
主要营养水平（%）			
代谢能（MJ/kg）	12.092	12.301	12.301
粗蛋白质（%）	18.0	15.0	12.0
钙（%）	1.12	0.81	0.84

（续）

项　目	0～6周龄	7～14周龄	15～20周龄
磷（%）	0.75	0.63	0.58
蛋氨酸（%）	0.35	0.27	0.21
蛋氨酸＋胱氨酸（%）	0.56	0.45	0.35
赖氨酸（%）	0.95	0.71	0.48

（4）宁都黄鸡种鸡产蛋期日粮配方　见表5-4。

表5-4　宁都黄鸡种鸡产蛋期日粮配方

项　目	产蛋率（%）		
	＞70	60～70	＜60
饲料原料			
玉米（%）	59.7	63.2	65.2
麸皮（%）	4.0	7.0	7.0
豆粕（%）	20.0	14.0	14.0
次粉（%）	5.0	5.0	3.0
菜粕（%）	3.0	3.0	3.0
石粉（%）	8.0	7.5	7.5
蛋氨酸（%）	0.1	0.1	0.1
多种维生素（%）	0.03	0.03	0.03
微量元素添加剂（%）	0.1	0.1	0.1
食盐（%）	0.3	0.3	0.3
主要营养水平			
代谢能（MJ/kg）	11.38	11.506	11.297
粗蛋白质（%）	17.0	14.0	13.7
钙（%）	3.47	3.32	2.91
磷（%）	0.57	0.52	0.52

第六章
宁都黄鸡饲养管理

第一节　宁都黄鸡肉鸡饲养管理

一、育雏前的准备

宁都黄鸡最适合山地放牧饲养，育雏一般采用地面就地育雏法。

（一）鸡舍、饲料和器具的准备

1. 全面检修大棚　进雏前要全面检修大棚是否漏雨及舍内是否防鼠害等，大棚内外应认真清理、清扫和消毒，包括一切用具及棚外场地的清洗和消毒。

2. 设置育雏间　育雏直接利用大棚进行分隔育雏，可避免转群应激。大棚育雏可用塑料薄膜将大棚的 1/3 至 1/2 围隔成育雏间，冬季保温期长，面积可稍大些，夏季则小一些。顶部及其四周均用塑料薄膜封闭，地面垫 3cm 左右厚的干稻草。为了通气，可在塑料薄膜上用烟头烧出许多通气小孔，小孔数量随育雏量和雏鸡年龄增加而增多，通气孔应上下交错排列，开通气孔的工作待鸡苗入舍后进行。育雏期也可采取定时适当掀开塑料薄膜的方式通风换气。

3. 供温　供温方法有 3 种：①红外线灯供温，每盏 250W，红外线灯个数的多少根据气温高低及育雏日龄大小而定；②炭（煤）炉接铁皮管道供温，温度由加炭的多少和放开炉门大小来调节；③地下埋设管道、棚外烧柴供温。

4. 准备充足的食槽和饮水器　采用塔式自动饮水器和食槽，按 1 个料盘 150 只鸡、1 个饮水器 200 只鸡的比例，洗净放入育雏室熏蒸消毒后使用。

5. 熏蒸消毒　一切准备就绪，在干草上铺旧报纸，然后每立方米空间用 30mL 甲醛、15g 高锰酸钾密闭熏蒸消毒 24h。24h 后将门窗打开通风，待刺

44

激性气味消失方可使用。

6. 试温预温　育雏前先启用供热源，查看供温效果，一切正常后即行预温，要求离地面10～15cm高处温度达到35℃。预温时间不少于24h，大棚地面平养以局部高温保温法为宜；4日龄内，昼夜温差越小越好，应控制在1℃以内；4日龄后，雏鸡已逐渐完善其体温调控系统，可自行选择温度区。

（二）接苗

接苗前应剔除病苗、弱苗、残苗，经性别鉴别，接种马立克氏病疫苗后尽快送入育雏室。送苗途中一切接触苗鸡的物品均应严格消毒，运送中应保持通气和合理保温。入舍时，饮水器内应准备充足饮水，天冷时用5%葡萄糖溶液作饮用水，让苗鸡尽早饮水。还可临时将多种维生素溶于水中（100L水放入30～50g多维），所供饮水以4～5h饮完为好，以免时间过长被细菌污染。饮水2～3h后开食。

（三）保温要求

宁都黄鸡雏鸡对温度的要求见表6-1。

表6-1　宁都黄鸡雏鸡对温度的要求

日龄（d）	1	2～3	4～7	8～14	15～21	22～28	29日龄以后
温度（℃）	35	33～34	32～33	30～31	28～29	26～27	18～22

供温不能完全依赖温度计数值，还需要同时观察雏群状态。健康鸡群的正常表现是：鸡不起堆、不展翅、不频频尖叫、不张口呼吸，分布均匀，伸颈伏着深睡，自由活动和饮水采食。

（四）湿度

一般1～4日龄相对湿度为75%～80%，5～7日龄70%～75%，2周龄70%，3周龄65%，以后55%～60%。

（五）饲养密度

1周龄70～80只/m²，2周龄50～60只/m²，3周龄30～40只/m²，4周龄25～30只/m²。

（六）垫料应用

育雏期间一般采用厚层垫料，即采用木屑和切碎的稻草做垫料，铺设 3～5cm 厚。育雏结束时，一次性清理全部垫料。厚层垫料法既简便、省力、不惊群，又能发酵产热节约能源，冬季保温效果更明显。

二、育雏期饲养管理

（一）喂料

雏鸡开饮 2～3h 后，可将碎玉米或碎米按 2∶1 加清水拌匀，撒在料盘上让小鸡啄食。第 2 天可掺 50％雏鸡破碎料，同样加清水拌匀，撒在料盘上喂；撒料时注意别撒在雏鸡绒毛上，否则易引起啄毛。4 日龄开始用少量料槽喂干破碎料，让小鸡逐渐适应在料槽中采食，到 8 日龄全部用料槽。喂料次数从最初 1d 喂 8～10 次，以后 4～6 次，8 日龄开始 1 日 3 次。

（二）通气

主要靠隔膜上的小孔排气，若要增加排气量，可加大或全部打开育雏间和大棚的门帘。

（三）并室与拆室

为了调节饲养密度和改善通气状况，雏鸡 2 周龄后除去隔离育雏间的所有隔膜，使之合并成一个大育雏室。3～4 周龄全部拆除育雏间，使雏鸡可在整个大棚内自由活动。

（四）断喙

断喙是养鸡生产中一个重要的技术环节，可以有效避免啄癖的发生，提高饲料的利用率，使鸡群生长发育均匀，提高育雏率，有利于鸡只发挥良好的生产性能。

雏鸡一般在 25～28 日龄进行一次断喙。若鸡群出现啄毛啄肛现象，可适当提前进行。断喙前 2d 至断喙后 3d 这段时间内，应在饲料或饮水中加入适量的多种维生素（尤其是维生素 K、维生素 C），以利于止血和增加抗应激性。

断喙前 6h 内，停止饲喂。为保证断喙效果，选用具有自动控制功能的具有高温刀片的精确断喙器。

当断喙器的刀片温度达到 650～750℃时，即可进行断喙操作。左手抓住鸡的腿部，右手大拇指放在鸡头的后部，食指放在咽下，稍用力压，使舌头向后缩回，避免伸到刀刃下而受伤。烧烙时间一般控制在 3s 以内，以使剪断的部位呈焦黄色为佳。严禁刀片温度过高或过低和烧烙时间过长。刀片要锋利，否则喙会被压碎而不是被快速切除。一般情况下，切除部位在上喙到鼻孔的 2/3、下喙的 1/3 处。要求操作者技术熟练，注意力应集中，手法敏捷，断喙部位力求掌握准确，达到上下喙能够整齐闭合。避免出现"地包天"或"天盖地"的现象。

断喙产生的疼痛等不舒适感会使雏鸡饮水、采食困难。所以应采取相应的技术措施，使断喙对鸡只产生的应激降低到最小限度，保证尽快康复；断水 3h，避免断喙部位由于触水而造成出血；在饮水中加入恩诺沙星或其他抗生素，以防引起慢性呼吸道疾病和细菌感染（但需注意断喙前后 2d 内不能投喂磺胺类药物，因其会延长流血）；保证充足饮水；改用饮水杯或降低水压以改善饮水效果；饲喂粉料，且要求槽内饲料厚度达 3cm 以上，直至痊愈；适当提高舍内的光照强度、延长光照时间；提高舍内温度 2～3℃；尽量避免和减少抓鸡、转群、免疫等各种应激。

如果初次断喙效果不好，或断喙后喙长得不好，则需进行第二次断喙，即修喙。修喙可在 6～8 周龄时进行，以保证鸡只有充分发育的时间。操作方法与第一次基本相同。一般情况下，尽量不采用二次断喙，以避免鸡产生应激及减少不必要的工作投入。

（五）出棚

出棚时间应视天气好坏及日龄大小来定。天气晴朗时夏季雏鸡 15 日龄左右，冬季 3 周龄以上可让雏鸡出棚外活动。出棚时间由短逐渐增长，但不必驱赶，只要打开门帘和地窗，任雏鸡自由进出即可。育雏结束后，鸡群应逐渐以棚外活动为主。

（六）棚外采食与饮水

宁都黄鸡集群性强，饲养区四周不必设围栏。雏鸡 2 周龄后，可将少量食

盘和饮水器放在棚外，育雏结束后换成大号塔式水槽和料盘。放在棚外的食盘和水槽逐渐增多，但不要离棚太远，最好在棚外 20m 以内放置，目的是控制运动量。应尽量选择树荫下放置食盘和水槽，尤其是在夏季，要经常查看水槽，做到任何时候都不断水。

（七）水位和料位

4 周龄后按 100 只鸡一个大号塔式水盘、50 只鸡一个大号料盘搭配。料位或水位不足，也是引起啄癖的原因之一，还会造成群体均匀度下降。

（八）防换料应激

由一种饲料换成另一种饲料或其他原因而改变配方，这一过程若突然进行，鸡群会产生突然减食、拒食或躁动不安等应激反应，因此换料应安排一个过渡期，一般第 1 天新料占日粮的 1/5，以后逐天由 2/5 到 3/5 到 4/5 到全部喂新料。

（九）疾病预防

1. 坚持轮牧放养　这是最重要的防病措施之一，宜采用三个区轮牧，即在相近的三个地域各建数个大棚，即为三个饲养区，每次只用一个饲养区，饲养期 4 个月。也就是说，每个大棚相隔 8 个月才能使用一次。这样既有利于植被恢复，又能促进林木生长。大棚每次用毕应及时清扫、消毒，然后关闭待用。

2. 清扫与消毒　每天早上放鸡后，大棚内必须清扫一次，这样有利于及时了解粪便情况和是否有病鸡留在棚内。清扫完后，开启棚内紫外线灯照射 30min。每天 17：00 开始将大棚四周分段清扫，1d 清扫一段，主要清扫距大棚 20m 范围的地面。食盘、水槽每天应清洗消毒一次，用 0.05% 的高锰酸钾溶液或加碘溶液清洗，如安排在傍晚收鸡后进行更好。这样安排，对当天耗料情况能了解得更准确，从而能对鸡群的状况做出准确的判断。

每周应对大棚内外喷雾消毒一次，包括棚内地面、栖架、棚内外墙壁、棚外 5～10m 内的地面。喷雾消毒时至少来回一次，做到不留空白，不留死角。

3. 免疫接种　根据鸡场具体情况，制定适合本场的科学的免疫程序，严格按程序免疫。同时，加强免疫效果监测，没有达到要求的应及时补免。

4. 药物预防　15 日龄内在饲料中加阿莫西林或中药止痢药预防鸡白痢，15～75 日龄重点是预防鸡球虫病。药物应经常更换使用，以防产生耐药性。

三、育成鸡饲养管理

育成鸡即青年鸡，对于宁都黄鸡来说，是指 5～17 周龄的鸡。育成鸡的用途有两个：一是作为后备鸡群选入种鸡群，二是使其尽快达到商品鸡的上市体重。因此，育成鸡饲养管理的好坏，直接关系到能否培育成健康的、较高生产能力和种用价值的个体，对商品鸡能否整齐按期上市及获得较好的生产效益影响很大。

（一）育成鸡的生理特点

雏鸡进入育成阶段开始性成熟，正处于生长迅速、发育旺盛的时期。全身羽毛已经丰满，有了健全的体温调节能力和消化机能，采食量大增，活泼好动，各器官特别是骨骼、肌肉的生长速度很快，对饲粮的营养水平和环境条件非常敏感。

（二）转育成期饲养的准备

从育雏期到育成期，在饲养管理上有一个很大的转变。为了减少管理性逆境对鸡群的不良影响，使转换工作有序进行，应做好以下准备工作：

1. 脱温　随着雏鸡的增长，育雏室逐步停止供温保温。具体脱温时间，要根据雏鸡的生长发育情况、季节和当时的天气条件而定。一般早春和冬季育雏，供温期需 4～5 周，晚春和秋季育雏供温需 3～4 周，夏季育雏供温只需 2 周左右。

为使雏鸡适应环境温度的变化，脱温应逐步进行，可每周降低 2～3℃。当育雏温度降到 24℃时白天可停止加温，夜间再升温至 24℃左右。当育雏温度递降到 21℃左右时，可酌情适当加温，最后完全停止加温。停温后的最初几天，如遇寒流、阴雨，气温突然下降，雏鸡有拥挤扎堆现象时，就要考虑再行加温，以免造成不必要的损失。

2. 转换饲料　育成鸡的饲粮与育雏鸡的有很大差异。如粗蛋白质的含量有较大幅度的降低，能量水平也有所下降，粗纤维含量可提高到 5% 左右，饲料成分和原料有了一定的变化，适口性等也发生了变化。因此，更换饲料必须逐渐进行，使鸡对新换饲料有 3～5d 的适应和调节过程。

（三）育成鸡的饲养

宁都黄鸡在育成阶段，决定其生长速度的主要因素是饲料的营养水平，如果饲料的营养水平适当，宁都黄鸡在整个育成期内（120日龄）可始终保持较一致的增重势头，其体重增长曲线没有明显的波动。

为了保持宁都黄鸡的肉质风味，中、大鸡的饲料营养水平不宜太高，一般认为中、大鸡饲料的代谢能达到2 900MJ/kg、粗蛋白质为17％～19％较好。商品鸡95日龄左右进入育肥期，此时饲料中增加0.5％的豆油可提高育肥效果。

为使鸡群发育较为整齐一致，宁都黄鸡一般以自由采食为宜。

（四）育成鸡的管理

宁都黄鸡采用大棚散养，育成鸡的管理虽然没有育雏管理那样严格，但为了使其生长良好，发育整齐，获得较好的经济效益，管理工作仍是非常重要的一环。

1. 公、母分群　育成鸡在生长过程中，公、母鸡的生长速度相差较大，上市时间也相差悬殊。为了避免强弱不匀、抢食和打架等现象发生，获得较好的均匀度，一般在育雏结束后转入育成期饲养时就要对公、母鸡分开饲养，一直到出栏。若具备条件进苗时就可将公、母分开育雏。

2. 温度　温度对育成鸡的生长发育、饲料转化率和性成熟都有较大影响，育成鸡最适宜的温度为18～20℃。夏季气温高时，应将鸡放到树荫处疏散开来，减少饲养密度。冬季严寒时，要做好舍内防寒保温工作，防止贼风。

3. 湿度　育成鸡舍内的相对湿度以50％～55％为宜。在多雨季节时，要采取措施降低湿度，保持大棚内干燥，勤换垫料，定期清理粪便，防止饮水器内的水外溢，防止引发有害气体中毒。

4. 光照　光照与育成鸡的生长发育和性成熟的早晚有较大关系。光照时间长，则性成熟提前；反之，则性成熟延迟。宁都黄鸡育成鸡场应尽可能增加树木，以适当减弱光照。在弱光照条件下，鸡群更加安静，还可减少啄癖，利于增重。

5. 密度　育成鸡生长发育速度快，为保证大棚内清洁和空气质量，防止啄癖产生和发育不整齐，大棚内的饲养密度不宜过大。一般来说，宁都黄鸡育成鸡的饲养密度每平方米控制在 20 只鸡以下。

6. 通风换气　为保持大棚内的空气清新，排出有害气体，鸡棚必须设置地窗，并在白天开启换气。在晴天时，白天可将两侧棚帘掀开进行通风换气。

7. 防止应激　育成鸡对外界环境的变化比较敏感，如果经常受惊，产生应激，就会影响鸡的生长发育，因此尽量不要让育成鸡受到惊扰。

8. 定期驱虫　宁都黄鸡育成期多在棚外活动，感染寄生虫的可能性也增加。为此，在 40～50 日龄可用伊维菌素 0.3mg/kg（以体重计）拌料驱线虫等体内寄生虫。同时，加强鸡虱、鸡螨等体外寄生虫的监测，若发生感染应及时采取防控措施。

9. 观察记录　要养好宁都黄鸡，必须勤观察勤记录。每天应注意观察鸡群的动态，如精神、吃料饮水、粪便和活动状况等有无异常，记录好每天的耗料量、耗水量，做到及早发现问题、及时分析处理。

10. 上市日龄　宁都黄鸡公鸡一般在 70～80 日龄、体重 0.95～1.2kg 上市，母鸡一般在 110～120 日龄、体重在 1.3～1.5kg 上市。

第二节　宁都黄鸡阉鸡饲养管理

阉鸡俗称献鸡、刬阉鸡，就是通过外科手术摘除了睾丸的公鸡。摘除公鸡睾丸的行为或过程也称为阉鸡，阉鸡饲养期一般在 180～240d。其肉质更加细嫩，味道肥美，营养价值高，深受消费者喜爱，是制作白切鸡、三杯鸡、涮鸡的上佳原料。阉鸡饲养在我国华南地区有悠久的历史，在农村用作走亲访友的上佳礼品。每年春节，一般客家家庭都要宰杀阉鸡过年。随着生活水平的提高，阉鸡在日常消费中也占有一定的份额。

宁都黄鸡性成熟早，公鸡在阉割之前富有攻击性，活动能力很强，料重比较高，养殖成本居高不下，而且肉质较差。阉鸡的目的是让公鸡雄性激素代谢下降，鸡变得性情温驯，从而使生长速度更快、肉质更滑嫩。

一、阉割方法

公鸡有两种阉割法，一种称"大阉"，就是待公鸡长到 90～100d 的时候进行阉割。此时，公鸡已经性成熟，睾丸组织易摘除干净，手术死亡率低，恢复速度更快。另一种称"小阉"，公鸡长到 25～30d，当鸡冠开始变红的时候就

进行阉割，但此时公鸡尚幼，手术死亡率更大。另外，由于性器官发育不完全，因此形成"半生鸡"（体内残存睾丸组织）的概率更大。

（一）阉割用具

主要有手术刀、扩张器、钎匙、细线或棕丝、小勺子、镊子等。

（二）睾丸位置及阉割部位

鸡的肾脏紧贴于脊椎两侧的下方，扁而长，分前、中、后三叶，幼雏为淡红色，大鸡为暗褐色。睾丸即位于肾前叶的下面，由睾丸系膜悬挂，呈游离状态，颜色淡黄。其前边靠近肺脏，下方就是肠管。正确的阉割部位在最后两根肋骨之间的上 1/3 处。

（三）阉割方法

（1）将公鸡的两翅交叠在一起，两腿绑在保定杆上或放地上用脚踩保定，右侧向上使其侧卧。

（2）将阉割部位周围的羽毛拔掉，用碘酊消毒皮肤，左手拇指与食指将皮肤和髂腰肌一并稍向后拉，并固定开刀部位；右手握笔式持刀，在开刀部位沿肋骨方向切 2cm 左右的切口。

（3）用扩张器撑开切口，再用阉鸡刀另一头的小钩轻轻将腹膜划破钩开。

（4）用托睾勺轻压肠管，即可看见淡黄色的睾丸，在托睾勺的配合下用棕丝或细线绕睾丸 1 周，以拉锯式手法将睾丸系膜锯断，睾丸脱落后用托睾勺取出。一般先取下面一侧的睾丸，再取上面的睾丸。切口一般不缝合。小批量阉割，睾丸摘除后可向创口撒少量青霉素粉。

（四）注意事项

（1）阉割部位要除毛，切口应尽可能小，一般在 2cm 左右，术后将除掉的鸡毛覆于术口处，有一定止血作用，可防继发感染并可阻止异物进入伤口。操作时动作要轻，尽量减少流血，如个别鸡出血过多腹腔内有血凝块时，要趁势取出以避免腹腔感染。

（2）切口部位必须准确。若切口过前，会割伤肺脏，造成鸡的死亡；而切口偏后，可能伤及腿部肌肉，影响鸡的行走。

（3）摘除睾丸的动作要稳、准、轻、巧，谨防引起鸡大出血而致死。

（4）阉割后将公鸡放在清洁、干燥而安静的地方，仔细护理 3~4d，以促进伤口愈合。

（5）每阉完一批鸡（50~100 只），手术器械要进行一次浸泡消毒，以防止伤口继发感染；每阉完一棚鸡，手术器械要进行一次彻底消毒，杜绝交叉感染。

二、阉鸡饲养管理

（一）术前准备

（1）术前 2d 投喂抗感染药物和抗应激药物，常用阿莫西林、强力霉素、泰乐菌素等，同时投喂 5% 的葡萄糖以补充能量；在饮水中添加维生素 K、维生素 C，可起到消炎、止痛、凝血、抗应激、增强抵抗力之功效，促使创口早日愈合。

（2）为了防止阉割时因鸡肠道充盈加大手术难度同时造成流血过多或感染，手术前鸡群要断料 12h，控水 4~6h。

（3）在阉割前 1d 要仔细观察鸡群健康状况，在确认鸡群健康后可在次日安排阉割。把要阉的鸡只安置在光线暗弱的舍内，尽量保持安静，使鸡只不受惊吓。

（4）准备消毒好的鸡舍用来放置刚阉好的鸡，鸡舍内薄铺一层稻草。

（二）术后管理

（1）手术一般选择在干燥天气的 6：00~10：00 进行，阉割工作要求操作细致、准确。

（2）术后 2~3d 投喂防止伤口感染的抗菌药，常用阿莫西林、恩诺沙星等。继续添加抗应激药，投药次数根据鸡群状况而灵活掌握。

（3）阉割后不能混群，以减少争斗；在 7d 内避免淋雨，以免影响伤口的愈合。

（4）阉后 3~4d 少量鸡会有胀气现象。若胀气严重，将胀气鸡用消毒过的针头穿刺缓慢放气处理，一般 7d 后恢复正常。如果伤口化脓，则可用盐水洗去脓物，撒上消炎药物粉末。

（5）阉割后 10d 内多喂青饲料，最好是人工牧草，如黑麦草，并降低日粮中的蛋白质水平，能有效防止"半生鸡"的生成。

（6）公鸡在阉割后一段时期对不良外界环境的适应力较弱，容易患多种疾病。因此，日常管理要精心，谨防贼风侵袭，尤其要防止感冒及呼吸道疾病发生。在生产实践中，阉后 1 个月内，支原体、大肠埃希氏菌反复感染，称为阉后综合征，此时宜用替米考星、氟苯尼考或泰乐菌素饮水给药 2～3d。

（三）阉鸡的一般饲养管理

阉鸡增重具有较强的补偿能力，由于饲养时间较长（一般在 180d 以上）且采食量较大，在饲养过程中要尽可能节省饲料成本，需要分阶段饲养，前期限饲，后期育肥。即小阉手术 40 日龄后，大阉手术待伤口愈合后至出栏前一个月进行限饲，使雄性激素代谢殆尽，雄性性状消失，表现为冠、髯萎缩并呈淡红色。根据阉鸡的这种生长发育规律，在不同的生长阶段分别给予不同的营养水平，即在生长发育的前期（吊架子阶段），使用低营养水平的日粮饲养，使阉鸡长大骨架；在生长发育后期（育肥阶段），饲喂能量水平较高的饲料，使鸡增肥亮羽，沉积脂肪，达到出栏要求。

1. 吊架子阶段　公鸡在 40 日龄之前饲喂全价颗粒饲料，40 日龄之后可采用自配的粉料，且逐渐降低日粮营养水平，但维生素类不能减少。通常一餐喂大鸡全价料、一餐喂农副产品饲料（如米糠、麸皮、稻谷、木薯、玉米粉等）。让鸡只在场地中多运动，以使鸡群的毛色更佳、肤色更好。

2. 育肥阶段　阉鸡后期由骨骼、内脏、羽毛生长转为肌肉生长、脂肪沉积阶段，因此适度育肥，提高饲料能量水平，有利于脂肪的沉积、改善肉质、提高屠体外观，从而达到上市要求。

3. 阉鸡　去势后会发生换羽，在 135～145 日龄时要注意羽毛的生长变化。这时期不仅要提高蛋白质和能量水平，而且还要加入优质鱼粉，补充锌、锰，加快羽毛生长速度，尤其是尾羽、背羽一定要长得好。按照养殖经验，在上市前 30d 先进行一次驱虫；用 1%～2% 动物性脂肪，如猪油、牛油等拌入饲料中，有助于脂肪沉积、改善肉质，同时可提高羽毛的光泽度。

4. 疫病防控　由于阉鸡的饲养周期长，因此一些在肉鸡饲养中少见的疾病都可能在阉鸡中发生。应严格按照免疫程序对鸡群实施疫苗免疫接种，要做到"不漏免""不省免""按时免"。阉鸡在 110～120d 应补种新城疫油苗、禽流感疫苗、禽霍乱蜂胶苗各一次。

5. 上市要求　阉鸡一般饲养到 180 日龄时，鸡冠萎缩变白，脂肪沉积，体型丰满，尾羽长出、亮丽，体重在 1.9～2.3kg 即可出栏。施行小阉术的鸡可提前 10～20d 出栏。

第三节　宁都黄鸡肉鸡饲养方式

宁都黄鸡具有适应性强、耐粗饲、抗应激能力强等优点，适宜于林地、果园、茶园等自然环境条件下放养。一般采取"山地生态放养法"放牧育成鸡。即在野外建一个大棚，白天在棚外放牧，晚上或遇下雨时再将鸡放赶入大棚内休息。凡有荒山、果园、竹林和树木的地方都可进行放牧饲养，最好利用有较好遮阳条件的地方。在鸡活动场地内可种植白背黄花稔，这种植物既具有防风固土、保持水土、遮阳、杀菌、驱杀蚊蝇功效，又能给鸡提供部分青绿饲料，是改善鸡场生态环境的一种较理想植物。

山地生态放养一般选址在地势高燥、背风向阳，远离居民区、工业区、噪声区的地方，把鸡棚搭建在林区、果园、茶园、荒山、荒坡等开阔地。放养鸡除育雏前期在室内喂料、饮水以外，其他时期采食、饮水主要在舍外。鸡可在野外摄取部分昆虫、矿物质，鸡粪回归林间，能促进植物生长，达到以草、虫养鸡，以鸡粪养树、养草等综合种养的目的。

山地生态放养一般实行轮牧的模式，即将鸡场规划成若干小区，一个小区视面积大小建设若干个大棚，逐个小区饲养，一个小区实行全进全出，出栏一批鸡后更换另一小区。这样可以让每个放养小区的植被有一定的恢复期，保证鸡群经常有一定数量的野生饲料资源利用，并利于净化病原微生物。

山地生态放养模式固定资产投入较小、简便易行。鸡在宽广的放牧场地上，能得到充足的阳光、新鲜的空气和自由运动，可以啄食青草、虫蛹、腐植质和沙土等。既节省饲料，又能提高肉质。

第七章
宁都黄鸡保健与疫病防控

第一节　宁都黄鸡消毒与免疫

一、消毒的定义

消毒是指通过物理、化学或生物学方法杀灭或清除环境中病原的技术或措施。消毒可将养殖场、交通工具和各种被污染物体中病原的数量减少到最低或达到无害的程度。消毒能够杀灭环境中的病原，切断传播途径，防止传染病的传播。根据消毒目的可将其分为预防消毒、随时消毒和终末消毒。

（一）预防消毒

在没有传染源的地方，如养殖场、家禽集贸市场等为预防传染病的发生，结合平时的管理，对场地、用具、饮水等进行定期的消毒称预防性消毒。其特点是按计划定期进行。

（二）随时消毒

为及时消灭患病鸡排出的病原而采取的消毒称随时消毒。其特点是需要多次重复消毒。随时消毒的对象包括患病鸡所在的鸡舍、隔离场，患病鸡的分泌物、排泄物及被污染的一切场所、用具和用品。

（三）终末消毒

在患病鸡转移、痊愈、死亡而解除隔离后，或在疫区即将解除封锁前，为彻底消灭可能残留的病原而进行的消毒称终末消毒。其特点是消毒对象全面、消毒程度彻底。随时消毒和终末消毒合称为疫源地消毒。

二、消毒的主要方法及其作用机理

消毒方法包括物理消毒法、化学消毒法和生物消毒法。

（一）物理消毒法

是指通过机械性清扫、冲洗、通风换气、高温、干燥、照射等物理方法，清除或杀灭环境和物品中的病原的方法。

1. 机械性清扫、洗刷　通过机械性清扫、冲洗等手段清除病原是最常用的消毒方法，也是日常的卫生工作之一。采用清扫、洗刷等方法，可以除去鸡舍地面、墙壁上的粪便，以及被鸡污染的垫草、饲料等污物。随着这些污物的消除，大量病原也被清除。

2. 日光、紫外线和其他射线的辐射　日光曝晒是一个经济、有效的消毒方法，直射日光经过几分钟至几小时可杀死病毒和非芽孢性病原，反复曝晒还可使带芽孢的菌体活性变弱或失活。因此，日光消毒对于被传染源污染鸡舍舍外的运动场、用具和物品等具有重要的实际意义。

3. 高温灭菌　是通过热力学作用导致病原微生物中的蛋白质和核酸变性，最终引起病原体失去生物学活性的过程，通常分为干热灭菌法和湿热灭菌法。鸡场消毒常用火焰烧灼灭菌法。该法灭菌效果明显，操作也比较简单。当病原抵抗力较强时，可通过火焰喷射器对粪便、场地、墙壁、笼具、其他废弃物品进行烧灼灭菌，或将鸡的尸体及被病原污染的饲料、垫草、垃圾等进行焚烧处理，鸡舍中的地面、墙壁、金属制品也可用火焰烧灼灭菌。

（二）化学消毒法

在疫病防治过程中，常常利用各种化学消毒剂对被病原污染的场所、物品等进行清洗、浸泡、喷洒、熏蒸，以达到杀灭病原的目的。各种消毒剂对病原具有广泛的杀伤作用，但有些也可破坏宿主的组织细胞。因此，通常仅用于环境的消毒。

1. 消毒药的作用机理　即杀菌方式，最基本的有以下 3 种：

（1）破坏菌体壁　就是将菌体细胞壁或细胞膜的外壁破坏穿孔，导致细菌死亡。

（2）使菌体蛋白质变性　用消毒药使菌体蛋白质变性灭活而失去毒性。

（3）包围菌体表面阻碍其呼吸　使细菌不能进行气体交换等代谢活动而死亡。

2. 消毒剂的选择　临床实践中常用的消毒剂种类很多，根据其化学特性分为酚类、醛类、醇类、碱类、氯制剂、碘制剂、染料类、重金属盐和表面活性剂等，要进行经济有效的消毒需认真选择适用的消毒剂。优质消毒剂应符合以下各项要求：

（1）消毒力强　药效迅速，短时间即可达到预定的消毒目标，如灭菌率达99％以上，且药效持续时间长。

（2）消毒作用广泛　可杀灭细菌、病毒、霉菌、藻类等有毒有害生物。

（3）可用各种方法进行消毒　如喷雾、洗涤、冲刷等。

（4）渗透力强　能透入裂隙及鸡粪、蛋的内容物、尘土等杀灭病原。

（5）易溶于水　药效的发挥不受水质硬度和环境中酸碱度变化的影响。

（6）性质稳定　不受光、热的影响，长期存贮效力不减。

（7）对人、鸡安全　无臭、无刺激性、无腐蚀性、无毒性、无不良副作用。

3. 保证消毒效果的措施　保证消毒效果最主要的是有效浓度的消毒药直接与病原接触。一般的消毒药会因其他有机物的存在而影响药效。因此，消毒之前必须尽量去掉有机物等。为此，需采取以下一些措施：

（1）清除污物　当病原所处的环境中含有大量的有机物（如粪便、脓汁、血液及其他分泌物和排泄物）时，由于病原体受到这些有机物的机械性保护，大量的消毒剂与这些有机物结合，消毒的效果将大幅度降低。因此，在对被病原污染场所和污染物等消毒时，要求首先清除环境中的杂物和污物，彻底冲刷、洗涤完毕后再使用化学消毒剂。

（2）消毒药浓度要适当　在一定范围内，消毒剂的浓度愈大，消毒作用愈强，如大部分消毒剂在低浓度时只具有抑菌作用，高浓度才具有杀菌作用。但消毒剂的浓度增加是有限度的，盲目增加其浓度并不一定能提高消毒效力，如75％乙醇溶液的杀菌作用比无水乙醇强。稀释过量，达不到应有的浓度，则消毒效果不佳，甚至起不到消毒的作用。

（3）针对病原的种类选用消毒剂　病原的形态结构及代谢方式不同，对消毒剂的反应也有差异。例如，革兰氏阳性菌较易与带阳离子的碱性染料、重金属盐类及去污剂结合而被灭活；细菌的芽孢不易渗入消毒剂，其抵抗力比繁殖体明显增强等。各种消毒剂的化学特性和化学结构不同，对病原的作用机理及其代谢过程的影响有明显差异，因而消毒效果也不一致。选择消毒药物时，一要考虑疫病种类、流行情况及消毒对象、消毒设备、鸡场条件等，选择适合自身实际情况两种以上不同性质的消毒药物。二要充分考虑本地区的疫病流行情况和疫病发展的可能趋势，选择储备和使用两种以上不同性质的消毒药物。三是定期开展消毒药物的效果检测，依据实际的消毒效果来选择较为理想的消毒药物。选择消毒药品时，要选效力强、效果广泛、生效快且持久、不易受有机物及盐类影响的药品。特别是在疫病发生期间，更应精心选择和使用消毒剂，尤其是对病毒性传染病，更要选用品质有保障的产品。使用前充分了解消毒剂的特性，提前订好消毒计划，结合季节、天气，充分考虑适用对象、场合。不混合使用不同消毒药，混合使用会使消毒效果降低，如需要使用数种，则单独使用数日再使用另一种消毒剂。消毒不是万能的，完整的防疫措施只有配合卫生管理、免疫及药物防治，才能控制疫病发生。

（4）作用的温度及时间要适当　温度升高可以增强消毒剂的杀菌能力，而缩短消毒所用的时间。例如，当环境温度提高10℃，酚类消毒剂的消毒速度增加8倍以上，重金属盐类增加2～5倍。在其他条件都相同时，消毒剂与被消毒对象的作用时间愈长，消毒的效果愈好。

（5）控制环境湿度　熏蒸消毒时，湿度对消毒效果的影响很大。例如，用过氧乙酸及甲醛熏蒸消毒时，环境的相对湿度以60%～80%为最好，湿度过低时消毒效果会大大降低。而多数情况下，环境湿度过高会影响消毒液的浓度，一般应在冲洗干燥后喷洒消毒液。

（6）消毒液酸碱度要合适　碘制剂、酸类、来苏儿等阴离子消毒剂在酸性环境中的杀菌作用增强，而阳离子消毒剂新洁尔灭等则在碱性环境中的杀菌力增强。

（三）生物消毒法

生物消毒法是指通过堆积发酵、沉淀池发酵、沼气池发酵等产热或产酸，以杀灭粪便、污水、垃圾及垫草中内部病原的方法。在发酵过程中，粪便、污物等内部微生物产生的热量可使温度上升达70℃以上，经过一段时间后可杀死病毒、病原菌、寄生虫卵等病原，从而达到消毒的目的；同时，由于发酵过程还可改善肥效，因此生物热消毒在各地的应用非常广泛。

另外，鸡场消毒可通过轮牧的方法以达到疫病净化的效果。饲养的鸡群全部处理后，空栏 6 个月以上，场地在太阳紫外线的照射下，病原通过土壤的吸附、雨水的冲刷等可在一定程度上被杀灭。也可对场地撒石灰、漂白粉和烧碱等物品以达到消毒目的，撒石灰时要求将没有溶化的生石灰，均匀地撒在地面上，厚度为 3～5mm。晴天时要在石灰粉表面喷洒少量水，湿润石灰，增强消毒效果。如遇下雨天，则应多次补撒石灰，因为雨水易把石灰粉冲走，减少石灰粉的消毒时间，降低消毒效果。

三、消毒程序

（一）鸡舍的消毒程序

鸡舍消毒是消除前一批鸡饲养期间累积污染最有效的措施，使下一批鸡生活在一个洁净的环境中。空栏消毒的程序通常为粪污清除、高压水枪冲洗、消毒剂喷洒、干燥后熏蒸消毒或火焰消毒，再次喷洒消毒剂、用清水冲洗，晾干后转入鸡群。

1. 粪污清除　鸡全部出舍后，先用消毒液喷洒，再将舍内的鸡粪、垫草、顶棚上的蜘蛛网、尘土等扫出鸡舍。地面粘着的鸡粪，可预先洒水软化后再铲除。为方便冲洗，可先对鸡舍内部喷雾，润湿舍内四壁、顶棚及各种设备的表面。

2. 高压冲洗　将清扫后舍内剩下的有机物去除能提高消毒效果。冲洗前先将非防水灯头的灯用塑料布包严，然后用高压水龙头冲洗舍内所有的表面，不留残存物。彻底冲洗可显著减少病原数量。

3. 干燥　喷洒消毒药一定要在冲洗并充分干燥后再进行。干燥可使舍内冲洗后残留的病原数量进一步减少，同时避免在湿润状态使消毒药浓度被稀释，防止降低灭菌效果。

4. 喷洒消毒剂　用电动喷雾器时其压力应达 $30kg/cm^2$，消毒时应将所有的门窗关闭。

5. 甲醛熏蒸　鸡舍干燥后进行熏蒸。每立方米空间用福尔马林溶液 30mL、高锰酸钾 15g，密闭 24h。

育雏舍的消毒要求更为严格，在育雏舍冲洗晾干后用火焰喷枪消毒，然后再进行药物消毒，必要时需清水冲洗、晾干再转入雏鸡。

（二）设备用具的消毒程序

1. 料槽、饮水器　塑料制成的料槽与饮水器，可先用水冲刷，洗净晒干后再用 0.1% 新洁尔灭刷洗消毒。

2. 蛋箱、蛋托　反复使用的蛋箱与蛋托，特别是从销售点返回的蛋箱，携带病原的危险性很大。因此，必须严格消毒。先用 2% 氢氧化钠溶液浸泡与洗刷，晾干后再送回鸡舍。

3. 运鸡笼　运鸡笼要消毒后再运鸡。

（三）环境的消毒程序

（1）消毒池用 2% 氢氧化钠溶液消毒，池液每天换一次；用 0.2% 新洁尔灭溶液每 3d 换一次。大门前通过车辆的消毒池宽 2m、长 4m，水深在 5cm 以上；人与自行车通过的消毒池宽 1m、长 2m，水深在 3cm 以上。

（2）鸡舍间的隙地定期火焰消毒，定期喷洒消毒药。

（3）生产区的道路每天用 0.2% 次氯酸钠溶液喷洒一次，如当天运鸡则在车辆通过后再消毒。

（四）带鸡消毒的程序

鸡体是排出、附着、保存、传播病原的根源，是污染源也会污染环境。因此，需经常消毒。带鸡消毒多采用喷雾消毒。

1. 喷雾消毒的作用　杀死和减少鸡舍内空气中飘浮的病原等，使鸡体体表（羽毛、皮肤）清洁，沉降舍内飘浮的尘埃，抑制氨气的发生，使鸡舍内较为清洁。

2. 喷雾消毒的方法　消毒药品的种类和浓度与鸡舍消毒时相同，操作时用电动喷雾装置，每平方米地面 60～180mL，每隔 1～2d 喷一次。对雏鸡喷雾，药物溶液的温度要比育雏器供温的温度高 3～4℃。当鸡群发生传染病时，每天消毒 1～2 次，连续 3～5d。

四、常用消毒剂的种类及使用范围

消毒剂的种类很多，根据其化学特性不同可分为碱类、酸类、醇类、醛类、酚类、氯制剂、碘制剂、季铵盐类、氧化剂、挥发性烷化剂等（表 7-1）。

表 7-1 常用消毒剂的种类及使用范围

类别	名称	用途	用量和用法	其他
酚类	苯酚（石炭酸）	用于处理污物、用具和器械，并可用于消毒车辆、墙壁、运动场及鸡舍	通常用其2%～5%的溶液	因本品有特殊臭味，故不适于肉、蛋的运输车辆及贮藏蛋的仓库消毒
	煤酚（甲酚）	主要用于鸡舍、用具和排泄物的消毒	用于器械、物品消毒（3%～5%）及鸡舍、鸡排泄物等的消毒（5%～10%）	不宜用于蛋品的消毒
	复合酚	主要用于鸡舍、鸡栏、笼具、饲养场地、排泄物等的消毒	常用的喷洒浓度为0.35%～1%	
醇类	乙醇（酒精）	主要用于皮肤及器械消毒	通常用70%～75%水溶液	
醛类	甲醛（40%的水溶液称为福尔马林）	用于鸡舍、用具、仓库、实验室、衣物、器械等的消毒和处理排泄物	2%福尔马林溶液用于器械消毒，置于药液中浸泡1～2h。10%甲醛溶液可以处理排泄物、消毒栏舍、皮毛、仓库、衣物、器械等。栏舍消毒常用熏蒸消毒法	
酸类	有机酸（乳酸和醋酸（蚁酸）酸和甲酸）	乳酸和醋酸适于空气消毒。草酸和甲酸用来消毒某些传染病及栏舍	乳酸蒸汽消毒按每100m³ 6～12mL的用量，加水稀释成20%浓度，放在器皿中加热蒸发。蒸发完后消毒仓库密闭门窗。蒸发完30～90min应通风排气，每1 000m³空间用100mL，加水100～200mL，加热蒸发	乳酸蒸气消毒的优点是价廉、消毒的优点是价廉；缺点是杀菌力不够强。毒性低；缺点是杀菌力低
碱类	氢氧化钠（苛性钠、烧碱）	主要用于消毒栏舍，也用于肉联厂、食品厂车间等的地面、饲槽、运输畜禽的车船等的消毒	一般用20%溶液喷洒圈舍地面、饲槽、车船、木器等，5%溶液用于被灰渣芽孢污染的消毒	

（续）

类别	名称	用途	用量和用法	其他
碱类	氧化钙（生石灰）	用于栏舍及墙壁、地面、粪池周围及污水沟等的消毒	配制成20%石灰乳，涂刷栏舍墙壁、栏舍、地面或粪池周围及污水沟等处进行消毒。消毒阴湿地面、粪池周围及污水沟等可加等量的2%石灰乳，接触时间至少2h。在鸡场、屠宰场等门口放置浸透20%石灰乳的草包消毒鞋底	
	草木灰	适用于消毒被污染的栏舍、饲槽和场地	30%热草木灰水喷洒	
卤素类	漂白粉	主要用于栏舍、笼架、饲槽及车辆等的消毒；或可日常消毒，常用作水源消毒	漂白粉采用5%～10%混悬液喷洒，水可用干粉末撒布。5%溶液作用1h可杀死芽孢，10%～20%乳剂可用于消毒被传染病畜禽污染的栏舍、粪池、运输车辆和场所。干粉按1:5可用干粪便的消毒	常按每升水中加0.3～1.5g漂白粉，用于饮水消毒。但苦河水或井水则需按每升水6～10g加入漂白粉，30min后即可饮用
	二氯异氰尿酸钠	可用于水、栏舍、粪便等的消毒	可采用喷酒、浸泡、擦拭等方式施用。消毒栏舍用10～20mg/m²，作用2～4h；冬季在0℃以下用50mg/m²，作用16～24h；消毒饮水，每升水用4g，作用30min	
	三氯异氰尿酸钠	常用作环境消毒。带鸡消毒、饮水消毒	饮水消毒按每升水中加4～6mg，喷洒消毒按每升50mg/m³中加200～400mg，熏蒸消毒5g/m³	
氧化剂	过氯乙酸	可用于栏舍、仓库、车间、运载工具等的空气消毒；用于带鸡消毒；还可用于室内的熏蒸消毒	0.5%溶液可用于栏舍、饲槽、车辆等的喷雾消毒；0.04%～0.296%溶液用于浸泡消毒耐酸塑料和橡胶制品等；5%溶液按每立方米2.5mL喷雾作空气消毒；0.396%溶液按30mL/m³用于带鸡消毒	

（续）

类别	名称	用途	用量和用法	其他
氧化剂	高锰酸钾	可用于栏舍、仓库、车间的熏蒸消毒	密闭门窗16~24h	
表面活性剂	新洁尔灭	用于鸡场用具和种蛋消毒	用0.1%溶液喷雾消毒蛋壳、孵化器及用具等；0.15%~0.2%溶液用于鸡舍内喷雾消毒	
	杜灭芬	用于器械、用具、设备的消毒	0.05%水溶液（须加0.05%的亚硝酸钠）用于器械消毒	
	络合碘（碘状）	可用于新城疫、鸡传染性法氏囊病的预防和紧急消毒，也可用于鸡场环境、用具的喷雾消毒	80~100mg的络合碘水溶液用于栏舍的环境、用具的喷雾消毒；40mg的碘水溶液用于种蛋、孵化器的浸洗消毒(10min)；80mg络合碘溶液可用于孵化器的洗刷消毒，200~500mg的络合碘水溶液可用于预防和紧急消毒，也可带鸡喷雾消毒	
	洗必泰	多用于洗手消毒、皮肤消毒、器具、创伤冲洗，也可用于栏舍、设备的消毒等	洗手消毒的浓度为用200mg/L，皮肤消毒的浓度为500mg/L	
挥发性烷化剂	环氧乙烷	适用于塑料制品、饲料等怕热、怕湿物品的消毒，也可用于仓库的空间消毒	杀灭被细菌污染的浓度为300~400g/m³；消毒被菌污染用700~950g/m³；消毒被芽孢污染的物品用800~1 700g/m³	要求严格密闭，温度不低于18℃，相对湿度30%~50%，作用时间6~24h

五、免疫接种

鸡的免疫接种是激发鸡机体产生特异性免疫力，预防和控制疾病的重要措施之一。为了鸡场的安全，必须制订合理的免疫程序，并及时了解鸡群的免疫水平。

（一）鸡免疫接种的方法

可分为群体免疫和个体免疫。

1. **群体免疫** 是针对群体进行的。主要有经口免疫法（喂食免疫、饮水免疫）、气雾免疫法等。这类免疫法省时省工，但有时效果不够理想，免疫效果参差不齐，特别是对幼雏的免疫效果较差。

2. **个体免疫** 针对每只鸡逐个进行，包括滴鼻、点眼、刺种、涂擦、注射、经口免疫、气雾免疫等。这类方法免疫效果好，但费时费力，劳动强度大。

（1）滴鼻与点眼 用滴管或滴注器（也可用带有 16～18 号针头的注射器）吸取被稀释好的疫苗，准确无误地滴入鼻孔或眼球上 1～2 滴。滴鼻时应以手指按压住另一侧鼻孔疫苗才易被吸入。点眼时，要等待疫苗扩散后才能放开鸡只。本法多用于雏鸡，尤其是雏鸡的初免。为了确保效果，一般采用滴鼻、点眼结合，适用于新城疫Ⅳ系疫苗及传染性支气管炎疫苗和传染性喉气管炎弱毒株疫苗的接种。

（2）刺种 常用于鸡痘疫苗的接种。接种时，先按规定剂量将疫苗稀释好后，用接种针或大号缝纫机针头或沾水笔蘸取疫苗，在鸡翅膀内侧无血管处的翼膜刺种，每只鸡刺种 1～2 次。接种后 1 周左右，可见刺种部位的皮肤上产生绿豆大小的小疱，以后逐渐干燥结痂脱落。若接种部位不发生这种反应，表明接种不成功，可重新接种。

（3）涂擦 主要用于鸡痘和特殊情况下需接种的鸡传染性喉气管炎强毒株疫苗的免疫。在接种鸡痘时，先拔掉鸡腿的外侧或内侧羽毛 5～8 根，然后用无菌棉签或毛刷蘸取已被稀释好的疫苗，逆着羽毛生长的方向涂擦 3～5 下；接种鸡传染性喉气管炎强毒株疫苗时，将鸡泄殖腔黏膜翻出，用无菌棉签或小软刷蘸取已被稀释好的疫苗，直接涂擦在黏膜上。

不管是那种方法，接种后鸡体都有反应。毛囊涂擦鸡痘疫苗后 10～12d，局部会出现同刺种一样的反应；擦肛后 4～5d 可见泄殖腔黏膜潮红。否则，应重新接种。

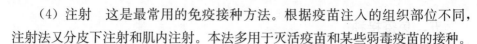

（4）注射　这是最常用的免疫接种方法。根据疫苗注入的组织部位不同，注射法又分皮下注射和肌内注射。本法多用于灭活疫苗和某些弱毒疫苗的接种。

①皮下注射　现在广泛使用的马立克氏病疫苗宜用颈背皮下注射法接种，用左手拇指和食指将头顶后的皮肤捏起，局部消毒后，针头近于水平刺入，按量注入即可。

②肌内注射　肌内注射的部位有胸部、腿部肌肉和肩关节附近或尾部两侧。胸肌注射时，应沿胸肌呈45°斜向刺入，避免胸部垂直刺入而误伤内脏。胸肌注射免疫法适用于较大的鸡。

注射时应注意，灭活疫苗在注射前应回温，升高到室温25℃左右。因为鸡体体温为41℃左右，如果疫苗温度太低则易对鸡体组织刺激较大，疫苗吸收不良，注射部位感染甚至会产生肿块，从而影响免疫效果。同时，疫苗温度过低时黏稠度越大，注射操作费力。

灭活疫苗回温一般主要通过两种方式，一种是将灭活疫苗从冰箱里面拿出来，放在鸡舍内，让疫苗缓慢恢复到与鸡舍温度相近，此种方法疫苗回温时间长；另一种方式是将疫苗放在25～35℃温水桶或恒温水浴锅中，让疫苗恢复到25℃左右，此方法回温时间短、回温温度准确。将疫苗放到35℃恒温水浴锅中，250mL包装的疫苗大约15min可充分回温到25℃，500mL包装的疫苗大约20min可充分回温到25℃。使用水浴锅对疫苗进行回温时要确保疫苗全部浸泡在温水中，使疫苗受热均匀。

接种时应勤换针头（雏鸡用7号）以减少疫病传播风险。另外，注射疫苗前后3d内可在饮水中加入抗应激的药物，以提高鸡体免疫能力。同时，注射疫苗后要注意加强饲养管理和环境消毒。

另外，不要将灭活疫苗与其他活疫苗混合注射，或将灭活疫苗与抗生素混合注射。同时，选择好注射时间。蛋鸡和种鸡应尽量选在16：00以后或晚上注射。此时大多数母鸡已经产完蛋，如果选在上午注射疫苗，会打乱母鸡的正常产蛋规律，易造成卵黄性腹膜炎。注射动作要轻，要注射健康鸡。注射剂量要准确，要不断校正注射器的刻度。要边注射边摇动，以便于混合均匀。疫苗开启后应在2～4h内用完。

（5）经口免疫

①饮水免疫　饮水免疫因省时、省力且对鸡群应激相对较小而被广泛采用，常用于预防新城疫、传染性支气管炎及传染性法氏囊病的活疫苗的免疫接

种。为使饮水免疫达到应有的效果，用于饮水免疫的疫苗必须是高效价疫苗。

在饮水免疫前后的24h不得使用任何消毒药或抗病毒药物；接种活菌疫苗时，不得使用抗生素，最好加入0.2%～0.5%的脱脂奶粉或2%～5%的脱脂鲜奶。

稀释疫苗用的水最好是蒸馏水，也可用深井水或冷开水，不可使用有漂白粉等消毒剂的自来水，稀释后的疫苗应在2h内饮完。

根据气温、饲料、鸡舍温度和免疫鸡群日龄等的不同确定适宜的停水时间。免疫前停水时间：夏、秋季1～3h，冬、春季2～4h，夏季最好夜间停水，清晨饮水免疫。

饮水器具必须洁净且数量充足，确保每只鸡都有足够的饮水空间，以保证2/3以上的鸡能同时饮到稀释的疫苗为准，保证每只鸡都能短时间内饮到足够的疫苗量。饮水器或盛放稀释后疫苗的器具，使用塑料或搪瓷制品。

稀释的疫苗水溶液未被喝完前，不能供给其他饮水，直至确认免疫鸡群饮用完疫苗水溶液后再供应饮水。疫苗水溶液饮用完毕，最好在1h内不要喂料。

②喂食免疫（拌料法）　免疫前应停喂半天，以保证每只鸡都能摄入一定数量的疫苗。稀释疫苗的水不要超过室温，然后将稀释好的疫苗均匀地拌入饲料，鸡通过吃食而获得免疫。已经稀释好的疫苗进入鸡体内的时间越短越好，因此必须有充足的饲具并放置均匀，保证每只鸡都能吃到。

（6）气雾免疫　使用特制的专用气雾喷枪，将稀释好的疫苗气化喷洒在相对封闭的鸡舍内，使鸡吸入气化疫苗而获得免疫。实施气雾免疫时，应将鸡相对集中，关闭门窗及通风系统。幼龄鸡初免选用80～120μm的雾珠，老龄鸡群或加强免疫时选用30～60μm的雾珠。

（二）预防接种免疫程序的制订

目前，传染性疾病仍是制约养鸡业快速发展的主要因素之一，免疫接种是预防传染性疾病的有效手段，预防接种最为重要的一个环节就是合理地制订免疫程序。

1. 存在的主要问题　主要有以下3个问题。

（1）偏离本场的实际情况，生搬硬套别人的免疫程序，针对性差。

（2）缺乏科学根据，不符合免疫学的基本理论。

（3）一个免疫程序实施一段时间后，疫情的流行特点或疫苗的使用种类都发生了变化，免疫程序修订和调整滞后。

2. 免疫程序制订的原则　根据本地区或养殖场内不同传染病流行状况及疫苗特性，应为鸡群制订的疫苗接种类型、次序、次数、途径及间隔时间。通常应遵循的原则如下：

（1）免疫程序是由传染病的分布特征决定的　传染病所在地区、时间和鸡群中的分布特点和流行规律不同，它们对鸡群造成的危害程度也会随着发生变化，一定时间内防疫工作的重点就有明显的差异，需要随时调整。有些传染病流行时具有持续时间长、危害程度大等特点，应制订长期的免疫防制对策。

（2）免疫程序是由疫苗的特性决定的　疫苗的种类、接种途径、产生免疫力需要的时间、免疫力的持续期等差异，是影响免疫效果的重要因素。因此，在制订免疫程序时要根据这些特性的变化进行充分的调查、分析和研究。

（3）免疫程序应具有相对的稳定性　如果没有其他因素的参与，某地区或养殖场在一定时期内鸡传染病分布特征是相对稳定的。因此，若实践证明某一免疫程序的应用效果好，则应尽量避免改变这一免疫程序。如果发现该免疫程序执行过程中仍有某些传染病流行，则应及时查明原因（疫苗、接种时机或病原变异等），并进行适当调整。

3. 免疫程序制订的方法　没有一个能够适合所有地区或养鸡场的标准免疫程序，不同地区或部门应根据传染病流行特点和生产实际情况，制订科学合理的免疫接种程序。对于某些地区或养鸡场正在使用的程序，也可能存在某些防疫上的问题，需要不断进行调整和改进。因此，了解和掌握免疫程序制订的步骤和方法具有非常重要的意义。

（1）掌握威胁本地区或养鸡场传染病的种类及其分布特点，根据疫病监测和调查结果，分析该地区或养鸡场内常发多见传染病的危害程度，以及周围地区威胁性较大的传染病流行和分布特征，并确定哪些传染病需要免疫或终生免疫，哪些传染病需要根据季节或日龄进行免疫防制。

（2）了解疫苗的特性，疫苗的种类、适用对象、保存方法、接种方法、使用剂量、接种后免疫力产生需要的时间、免疫保护力及其持续期、最佳免疫接种时机及间隔时间等特性是免疫程序制订要考虑的主要内容。根据流行病学特点，有针对性地选用同一血清型或亚型的疫苗毒株，合理安排不同疫苗的接种时间，尽量避免不同疫苗毒株间的干扰。根据疫苗产品质量，确定合适的免疫剂量或疫苗稀释量。因此，在制订免疫程序前，应对这些特性进行充分的研究和分析，一般来说，弱毒疫苗接种后 5～7d、灭活疫苗接种后 2～3 周可产生免疫力。

（3）由于对分布范围较广的传染病需要终生免疫，因此应根据定期测定的抗体消长规律确定首免日龄和加强免疫的时间。初次使用的免疫程序应定期测定免疫鸡群的抗体水平，发现问题要及接种时进行调整并采取补救措施。雏鸡的免疫接种应首先测定其母源抗体的消长规律，并根据其半衰期确定首次免疫接种的日龄，以防止高滴度的母源抗体产生的干扰。根据免疫监测结果及疫病流行特点，对免疫程序及时进行必要的修改和补充。

（4）根据传染病发病及流行特点决定是否进行疫苗接种、接种次数及接种时机，主要发生于某一季节或某一日龄段的传染病，可在流行季节到来前 2～4 周进行免疫接种，接种的次数则由疫苗的特性和该病的危害程度决定。

（5）所养鸡的用途及饲养时期不同，其接种疫苗的种类各有侧重。

（6）注意不同种类的鸡对某些疾病的抵抗力有差异。

（7）疫苗接种日龄与易感性有关。例如 1～3 日龄雏鸡对鸡马立克氏病的易感性最高，因此必须在雏鸡出壳后 24h 内完成鸡马立克氏病疫苗的免疫接种。

（8）同一疫苗采用不同的免疫途径，可以获得截然不同的免疫效果。例如，鸡新城疫低毒力活疫苗 La Sota 弱毒株滴鼻或点眼所产生的免疫效果是饮水免疫的 4 倍以上；鸡传染性法氏囊病活疫苗的毒株具有亲嗜肠道特性，在肠道内大量繁殖决定其最佳免疫途径是滴口或饮水；鸡痘活疫苗的免疫途径是刺种，而采用其他途径时效果极差甚至无效。

（9）同一种疫苗根据其毒株毒力强弱不同，应先弱后强免疫接种。例如，对鸡传染性支气管炎的免疫，首先应选用毒力较弱的 H120 株，二免应选用毒力相对较强的 H52 株，对鸡传染性法氏囊病的免疫则采用先弱后中等毒力毒株。

（10）很多疫病的发生具有明显的季节性，如肾型传染性支气管炎多发于寒冷的冬季，因此冬季饲养的鸡群，除做好保温工作外，选用肾型弱毒株的传染性支气管炎疫苗进行免疫。

（11）对于难以控制的传染病应考虑使用活疫苗和灭活疫苗同时接种，取各自所长来有效控制疫病的发生。

总之，制订免疫程序时，应充分考虑本地区常发多见或威胁性较大的传染病的分布特点、疫苗类型及其免疫效果、母源抗体水平等因素，只有这样才能使免疫程序具有科学性和合理性。

(三) 紧急免疫接种

紧急免疫接种是指某些传染病暴发时，为了迅速控制和扑灭该病的流行，对疫区和受威胁区的鸡进行的应急性的免疫接种。紧急免疫接种应根据疫苗的性质、传染病发生及其流行特点进行合理的安排。

接种后能够迅速产生保护力的一些弱毒苗或高免血清，可以用于急性病的紧急接种，因为此类疫苗进入机体后往往经过3～5d便可产生免疫力，而高免血清则在注射后能够迅速产生免疫力。

由于疫苗接种能够激发处于感染潜伏期的动物发病，且在操作过程中容易造成病原在感染鸡群和健康鸡群之间的传播。因此，为了提高免疫效果，在进行紧急免疫接种时应首先对鸡群进行详细的临床检查，以排除处于发病期和感染期的鸡群。

临床实践证明，在传染病暴发或流行的早期，紧急免疫接种可以迅速建立鸡群机体的特异性免疫，使其免遭相应疫病的侵害。但在紧急免疫时需要注意：第一，必须在疫病流行的早期进行；第二，尚未感染的鸡群既可使用疫苗，也可使用高免血清或其他抗体，但感染或发病鸡群最好使用高免血清或其他抗体进行治疗；第三，必须采取适当的防范措施，防止操作过程中由人员或器械造成的传染病蔓延和传播。

(四) 常见的接种不良反应及其原因

鸡群在免疫接种后往往有一些不良反应，如鸡体重减轻、饲料消耗增加，严重者甚至出现个别鸡只死亡。

1. 局部反应

(1) 呼吸道反应　多见于仔鸡经呼吸道接种某些疫苗（如鸡新城疫活疫苗、鸡传染性支气管炎活疫苗、鸡传染性喉气管炎活疫苗等）后发生的一种呼吸道免疫反应，一般不需治疗，多于2～3d后自行恢复。但是，如果在寒冷季节，鸡群饲养密度过高，尘埃和空气中各类有害气体严重超标时，注射疫苗后仔鸡常引起严重的呼吸道反应，表现为呼吸啰音、摇头和流泪等。

（2）头颈部不同程度的扭曲姿势　主要是由于颈背部皮下注射灭活疫苗时操作失误，针头直接损伤肌肉或神经或将疫苗注入颈部肌肉，引起颈部活动僵硬所致。

（3）腿部肿胀、行走跛行　腿部肌内注射灭活疫苗时，由于注射方法不当刺伤血管或神经，或注射剂量过大，或因免疫器具消毒不彻底导致注射部位受到细菌感染。

（4）肿脸　注射时注射部位太靠近头部或针头朝着头部时常出现头部和脸部肿胀。一般在注苗后7d出现，切开肿胀部位有干酪物或肉芽肿。鸡群精神变化不大，但采食量下降，一般2周内可恢复。

（5）硬脖　皮下注射时将疫苗注射到颈部肌肉，可造成颈部肿胀、变粗，病鸡精神不振，采食量下降，逐渐消瘦，个别甚至死亡。

（6）猝死　针头过长或注射过深，刺破心脏、肝脏、肺脏而引起死亡。

（7）瘫痪　腿部注射时损伤坐骨神经或注射器消毒不严引起注射部位感染。

（8）注射部位出血或"出汗"　出血是因为扎破血管，"出汗"是因为皮下注射时针头刺破皮肤而使疫苗被注射到皮外。

（9）注射部位糜烂　是由细菌感染所致。表现为注射部位肿胀、发炎、坏死，切开有肉芽肿、干酪物。

（10）注射部位有肿块　多在寒冷季节出现，原因是油苗使用前温度太低，注射到体内后引起局部毛细血管收缩，疫苗被包形成肿块。

（11）注射部位蓝染　是由于扎破血管，血液中金属离子和油苗中的某种成分发生反应引起。

2. 全身反应

（1）绿脓杆菌感染　由于孵化场卫生消毒不严格，绿脓杆菌污染严重，1日龄雏鸡接种鸡马立克氏病（MD）活疫苗时，引起鸡的全身性感染，严重时可见2～5日龄雏鸡因感染而大批死亡。

（2）鸡新城疫　鸡群在免疫鸡新城疫活疫苗时已有新城疫病毒强毒的潜在感染，免疫接种后使处在感染潜伏期的鸡群发生鸡新城疫。

（3）鸡传染性喉气管炎　在未发生过鸡传染性喉气管炎的鸡场，使用毒力较强的鸡传染性喉气管炎活疫苗免疫接种时,可使鸡群发生该病。

(4) 鸡痘　由于鸡群已潜在感染鸡痘病毒强毒,当接种鸡痘活疫苗时,尤其是免疫途径不当时,可激发鸡群发生鸡痘。

(五) 影响鸡群免疫效果的因素

鸡群接种疫苗后不等于获得了坚强的免疫力,很多因素都会造成机体的免疫应答效果不佳,主要因素有:

1. 疫苗效价不足

(1) 疫苗没按规定要求贮运。

(2) 疫苗超过有效期。

(3) 疫苗稀释浓度不符合要求。

(4) 饮水免疫时水质量不良。

(5) 疫苗毒株与流行毒株不同。

(6) 疫苗生产所使用的毒株品质下降。

(7) 每羽份疫苗中毒株效价不足。

(8) 弱毒活疫苗免疫前后 24h 内使用消毒药或抗病毒药物。

2. 疫苗免疫剂量不足

(1) 注射器精确度不足或定量控制失灵。

(2) 油乳剂灭活疫苗乳化程度不高,抗原均匀度不好。

(3) 不按产品说明使用,人为减少接种剂量。

(4) 饮水免疫时,控水时间过长,每只鸡饮水量不均。

(5) 滴鼻或点眼免疫时,放鸡速度过快,药液未完全吸入。

(6) 喷雾免疫时,因室温过高或风力过大,细小雾滴挥发迅速或实施喷雾免疫未使用专用的喷雾免疫设备,造成雾滴过大。

3. 鸡群本身不适合免疫

(1) 母源抗体水平高,中和了疫苗中的抗原。

(2) 鸡群受到病原感染或处于感染潜伏期。某些疾病,如鸡马立克氏病、鸡传染性法氏囊病、白血病、网状内皮细胞增生症、鸡传染性贫血病等会抑制疫苗的免疫应答。

(3) 当鸡处于应激状态时接种疫苗,则免疫器官对抗原刺激的应答能力降低,易发生免疫失败。

（4）鸡舍通风不良，大量 CO_2、NH_3 等有害气体蓄积，刺激呼吸道、眼等黏膜系统，严重影响疫苗的局部黏膜免疫效果。

（5）饲料营养不均衡，尤其是维生素 A、B 族维生素 B、维生素 C、维生素 E、锌等维生素和微量元素缺乏。

（6）饲料中含有霉菌毒素，抑制了免疫应答。例如，黄曲霉素可使胸腺、法氏囊、脾脏萎缩，导致鸡免疫抑制，增加鸡对盲肠球虫、沙门氏菌的易感性且死亡率增高；重金属元素镉、铅、汞、砷等可增加鸡体对病毒和细菌的易感性。

（7）感染免疫抑制性疾病，影响免疫应答效果。

（8）频繁接种，影响免疫效果。

（9）某些药物，如抗球虫药、磺胺类药、氨基糖苷类药物等，会抑制免疫应答。

4. 免疫途径不当　每种病毒感染鸡群都有各自首选的入侵门户及靶器官，正确的疫苗接种途径应与病毒的自然感染途径一致，否则达不到理想的免疫效果。

5. 鸡群在接种后饲养管理不善　给鸡免疫弱毒活疫苗实质上就是给鸡群人工"发病"，因此接种后的鸡群需要更高水平的饲养管理（如营养水平、环境卫生、预防应激等），否则免疫效果要打折扣。

（六）宁都黄鸡参考免疫程序

根据宁都县多年鸡疫病流行监测结果和免疫实践，宁都黄鸡参考免疫程序表 7-2。

表 7-2　宁都黄鸡参考免疫程序

日　龄	疾病名称	疫苗种类	免疫方法
1	鸡马立克氏病	马立克氏病液氮苗（CVI988 株）	颈背部皮下注射
5～7	新城疫＋传染性支气管炎	新支二联活疫苗（La Sota＋H120 株）	喷雾、滴鼻或饮水
10～14	传染性法氏囊病	传染性法氏囊病活疫苗	滴口或饮水
16～18	禽流感	禽流感灭活疫苗	皮下注射或肌内注射

（续）

日　龄	疾病名称	疫苗种类	免疫方法
21～25	鸡痘	鸡痘活疫苗	翼翅下刺种
26～30	传染性法氏囊病	传染性法氏囊病活疫苗	滴口或饮水
31～35	新城疫＋传染性支气管炎	新支二联活疫苗（La Sota＋H52株）	喷雾、滴鼻或饮水
36～40	传染性喉气管炎	传染性喉气管炎活疫苗	点眼或点肛（发病鸡场曾使用）
41～45	传染性鼻炎	鸡传染性鼻炎灭活疫苗	皮下注射或肌内注射
50～55	禽流感	禽流感灭活疫苗	皮下注射或肌内注射
60～70	鸡支原体病	鸡支原体灭活疫苗	皮下注射或肌内注射
110～115	新城疫＋传染性支气管炎＋产蛋下降综合征	新支减灭活疫苗	皮下注射或肌内注射（种鸡使用）

（七）宁都黄鸡常用疫苗的种类

宁都黄鸡常用疫苗的种类及使用方法见表7-3。

表7-3　宁都黄鸡常用疫苗种类及使用方法

疫苗名称	作　用	用法与用量	贮藏条件与有效期	注意事项
马立克氏病液氮苗（CVI988株）	用于预防马立克氏病	雏鸡出壳24h内颈部皮下注射1羽份	液氮中保存	
鸡新城疫低毒力活疫苗（ZM10株）	用于预防鸡新城疫	按瓶签注明羽份用生理盐水或适宜的稀释液稀释，滴鼻或点眼免疫，每只0.05mL；饮水或喷雾免疫，剂量加倍	−15℃以下保存，有效期为24个月	1. 有鸡支原体感染的鸡群，禁用喷雾免疫； 2. 疫苗加水稀释后，应放在冷暗处，必须在4h内用完
鸡新城疫Ⅳ系活疫苗（La Sota株）	用于预防鸡新城疫	滴鼻、点眼、饮水或喷雾接种均可，按瓶签注明羽份用生理盐水或适宜的稀释液稀释。滴鼻或点眼每只0.05mL；饮水或喷雾剂量加倍	−15℃以下保存，有效期为24个月	1. 有鸡支原体感染的鸡群，禁用喷雾免疫； 2. 疫苗加水稀释后，应放在阴凉处，必须在4h内用完； 3. 饮水接种时，饮水中应不含氯等消毒剂，忌用金属容器； 4. 用过的疫苗瓶、器具和未用完的疫苗等应进行无害化处理

疫苗名称	作　用	用法与用量	贮藏条件与有效期	注意事项
鸡传染性法氏囊病活疫苗（MB株）	用于预防鸡传染性法氏囊病	饮水免疫，适用于10～14日龄的鸡，每只1羽份。饮水免疫，每1 000羽份的疫苗稀释到10L水中，溶解疫苗前，可以在每升水中添加50mL脱脂牛奶或5g脱脂奶粉以保护病毒抗原	2～8℃保存，有效期为18个月	1. 疫苗仅用于健康、无应激的鸡群； 2. 现用现配，疫苗稀释后立即接种，限2h内用完； 3. 饮水接种前先给鸡群断水2h，使鸡群保持渴感； 4. 接种前，饮水中不能添加任何消毒剂，饮水要清洁，忌用金属容器； 5. 用过的疫苗瓶、器具和未用完的疫苗等应进行消毒处理
鸡传染性法氏囊病活疫苗（B87株）	用于预防鸡传染性法氏囊病	点眼、口服、注射接种；按瓶签注明羽份用生理盐水、注射用水或冷开水稀释，可用于各品种雏鸡；依据母源抗体水平，宜在14～28日龄时使用	−15℃以下保存，有效期为18个月	1. 仅用于保护健康雏鸡； 2. 饮水接种时，饮水中不含氯离子等消毒剂，饮水要清洁，忌用金属容器； 3. 饮水接种前，应视地区、季节、饲料等情况，停水2～4h，饮水器应置于不受日光照射的凉爽地方，饮水限1h内饮完； 4. 注射接种时，应作局部的消毒处理； 5. 严防散毒，用过的疫苗瓶、器具和未用完的疫苗等应进行无害化处理
鸡传染性支气管活疫苗（W93株）	用于预防嗜肾型鸡传染性支气管炎病毒感染	按瓶签注明羽份，用生理盐水稀释，每1 000羽份加生理盐水30～50mL，每只鸡滴鼻0.03～0.05mL，饮水接种或在发病初期紧急接种时接种量应加倍 饮水接种时，饮水量视鸡龄大小、品种、季节而定，5～10日龄5～10mL、20～30日龄10～20mL、成鸡20～30mL，肉用鸡或炎热季节的饮水量应适当增加	−15℃以下保存，有效期为18个月	1. 贮藏、运输、使用中应注意冷藏； 2. 接种的鸡群健康状况应良好； 3. 稀释用水应置阴凉处预冷，疫苗稀释后限2h内用完； 4. 滴鼻用的滴管、瓶及其他器械应事先消毒，接种量应准确； 5. 饮水接种时，忌用金属容器，饮水前应停水2～4h； 6. 用过的疫苗瓶、器具和未用完的疫苗等应进行无害化处理

（续）

疫苗名称	作 用	用法与用量	贮藏条件与有效期	注意事项
禽多杀性巴氏杆菌病蜂胶灭活疫苗	用于预防禽多杀性巴氏杆菌病（禽霍乱）	肌内注射，2月龄以下的鸡每只0.5mL，2月龄以上的鸡每只1.0mL	2～8℃保存，有效期为18个月	1. 贮存、运输和使用过程中应避免阳光照射； 2. 仅用于接种健康鸡，接种前应了解鸡群有无疫病流行； 3. 使用前应将疫苗恢复至常温，在使用过程中应将疫苗充分摇匀； 4. 接种时，应作局部消毒处理； 5. 用过的疫苗瓶、器具和未用完的疫苗等应进行无害化处理
鸡大肠埃希氏菌病蜂胶灭活疫苗（EC24株＋EC30株＋EC45株＋EC50株）	用于预防由O₇₈、O₁₁₁、O₂、O₅血清型大肠埃希氏菌引起的鸡大肠埃希氏菌病	1月龄以上健康鸡，颈部皮下注射0.5mL	2～8℃保存，有效期为12个月	1. 运输、贮存、使用过程中，应避免阳光照射、高热或冷冻； 2. 使用本苗前应将疫苗温度升到室温，使用前和使用中充分摇匀； 3. 使用本苗前应了解鸡群健康状况，如感染其他疾病或处于潜伏期会影响疫苗使用效果； 4. 注射器、针头等用具使用前和使用中需进行消毒处理，注射过程中应注意更换无菌针头； 5. 在疾病潜伏期和发病期慎用，如需使用必须在当地兽医正确指导下使用； 6. 注射完毕，疫苗包装废弃物应报废烧毁
鸡新城疫灭活疫苗	用于预防鸡新城疫	颈部皮下注射，14日龄以内雏鸡，每只0.2mL。同时用La Sota株活疫苗按瓶签注明羽份稀释后进行滴鼻或点眼。肉鸡用上述方法接种1次即可 60日龄以上的鸡，每只0.5mL，免疫期可达10个月；用活疫苗接种过的母鸡，在开产前14～21日接种，每只0.5mL，可保护整个产蛋期	2～8℃保存，有效期为12个月	1. 冻结后的疫苗严禁使用； 2. 使用前，应将疫苗温度恢复至室温，并充分摇匀； 3. 接种时，应作局部消毒处理； 4. 用过的疫苗瓶、器具和未用完的疫苗等应进行无害化处理； 5. 用于肉鸡时，屠宰前21日内禁止使用；用于其他鸡时，屠宰前42日内禁止使用

疫苗名称	作　用	用法与用量	贮藏条件与有效期	注意事项
鸡新城疫病毒(La Sota株)、传染性支气管炎病毒（M41株）二联灭活疫苗	用于预防鸡新城疫和鸡传染性支气管炎	皮下或肌内注射，2～4周龄鸡，每只0.3mL、成鸡每只0.5mL	2～8℃保存，有效期为12个月	1. 使用前和使用中应充分摇匀； 2. 使用前应使疫苗温度升至室温； 3. 一经开瓶启用，应尽快用完（限当日用完）； 4. 本品严禁冻结，破乳分层后切勿使用； 5. 仅供健康鸡只预防接种； 6. 接种工作完毕，立即洗净并消毒双手；疫苗瓶及剩余的疫苗，应进行燃烧或煮沸，并作无害化处理
鸡新城疫病毒（La Sota株)、传染性支气管炎病毒(M41株)、减蛋综合征病毒（AV127株）三联灭活疫苗	用于预防鸡新城疫、鸡传染性支气管炎和鸡减蛋综合征	皮下或肌内注射，开产前2～4周的蛋鸡及种鸡，每只鸡0.5mL	2～8℃保存，有效期为12个月	1. 使用前和使用中应充分摇匀； 2. 使用前应使疫苗温度升至室温； 3. 一经开瓶启用，应尽快用完（限当日用完）； 4. 本品严禁冻结，破乳分层后切勿使用； 5. 仅供健康鸡只预防接种； 6. 接种工作完毕，立即洗净并消毒双手；疫苗瓶及剩余的疫苗，应进行焚烧或煮沸，并作无害化处理
禽流感灭活疫苗（H5 N1Re-6株＋H9 N2Re-2株）	用于预防由H5和H9亚型禽流感病毒引起的禽流感	胸部肌内或颈部皮下注射，2～5周龄鸡，每只0.3mL；5周龄以上的鸡，每只0.5mL。	2～8℃保存，有效期为12个月	1. 禽流感病毒感染鸡或健康状况异常的鸡，切忌使用； 2. 严禁冻结，冻结后的疫苗严禁使用； 3. 若出现破损、异物或破乳分层等异常现象，切勿使用； 4. 使用前，应先使疫苗温度恢复至室温，并充分摇匀； 5. 接种时应使用灭菌器械，及时更换针头，最好一只鸡一个针头； 6. 疫苗启封后，限当日用完； 7. 屠宰前28d内禁止使用； 8. 用过的疫苗瓶、器具和未用完的疫苗等应进行无害化处理

（续）

疫苗名称	作　用	用法与用量	贮藏条件 与有效期	注意事项
鸡传染性 鼻炎（A） 灭活疫苗	用于预 防 A 型 副鸡禽杆 菌引起的 鸡传染 性 鼻炎	胸或颈背部皮下注射，42 日龄以下的鸡，每只 0.25mL；42 日龄以上的 鸡，每只 0.5mL。	2～8℃保 存，有效期 为 12 个月	1. 严禁冻结，冻结后的疫苗 严禁使用； 2. 使用前，应先使疫苗温度 恢复至室温，并充分摇匀； 3. 接种时应作局部消毒处理； 4. 用过的疫苗瓶、器具和未 用完的疫苗等应进行无害化 处理； 5. 用于肉鸡时，屠宰前 21 日 内禁止使用；用于其他鸡时， 屠宰前 42 日内禁止使用
重组禽流 感病毒 H5 亚型灭活 疫苗（Re-6 株＋Re-8 株）	用于预 防由 H5 亚型禽流 感病毒引 起的禽 流感	胸部肌内或颈部皮下注 射。2～5 周龄鸡，每只 0.3mL；5 周龄以上的鸡， 每只 0.5mL	2～8℃保 存，有效期 为 12 个月	1. 禽流感病毒感染鸡或健康 状况异常的鸡切忌使用本品； 2. 本品严禁冻结； 3. 本品若出现破损、异物或 破乳分层等异常现象，切勿 使用； 4. 使用前应将疫苗温度恢复 至室温，并充分摇匀； 5. 接种时应使用灭菌器械， 及时更换针头，最好 1 只鸡 1 个针头； 6. 疫苗启封后，限当日用完； 7. 屠宰前 28 日内禁止使用； 8. 用过的疫苗瓶、器具和未 用完的疫苗等应进行无害化 处理

第二节　宁都黄鸡常见病及其防治

一、病毒性传染病

（一）禽流感

1. 病原和流行特点　禽流感是由 A 型流感病毒引起的一种从呼吸系统到全身性败血症的严重疾病。禽流感病毒属于正黏病毒科流感病毒属。A 型流感病毒能感染多种动物，包括人、禽、猪、犬类等。由此，人畜之间有相互感染 A 型流感病毒的可能性。根据致病性的不同，禽流感可分为高致病性禽流感（H5、H7 等）、低致病性禽流感（H9）和无致病性禽流感，世界动物卫生组织将高致病性禽流感列入 A 类传染病。根据《中华人民共和国动物防疫法》和《一、二、三类动物疫病病种名录》有关规定，我国将高致病性禽流感列入一类动物疫病，低致病性禽流感被列为二类动物疫病。

禽流感病毒具有亚型众多、血凝性、易变异等特点，广泛分布于各种家禽和野禽中，从迁徙水禽，尤其是鸭中分离的病毒最多，家禽中对火鸡和鸡的危害最严重。

禽流感病毒主要是水平传播，任何季节和任何日龄的鸡群均可发病。病禽可从呼吸道、消化道、结膜排出病毒。感染方式包括与易感禽的直接接触、空气传播及同受污染物品（饲料、饮水、各种用具等）的间接接触等。同时，人员流动与消毒不严格也会促进禽流感病毒的传播。

感染禽流感病毒后，病鸡主要表现为精神委顿、食量减少、产蛋量骤减、腹泻、轻度到重度的呼吸道症状，重者死亡等。该病在许多国家和地区都发生过，给养禽业造成了巨大的经济损失。

2. 临床症状和病理变化

（1）高致病性禽流感

①临床症状　鸡无任何临床症状，突然死亡。病程稍长的，发病鸡群采食量明显减少，有咳嗽、打喷嚏、尖叫、啰音，甚至呼吸困难。可见羽毛松散；呆立不动，不食；鸡冠发绀，个别鸡脸肿、肉髯肿胀，腿部鳞片出血，有的严重腹泻，排黄、白、绿粪，个别跗关节肿胀；头部水肿，流泪；有的可见神经症状，抽搐，运动失调。发病迅速，从个别鸡只精神委顿、死亡到鸡群中 50％出现症状仅需 2～3d，但死亡率高达 85％～100％。

②剖检病变　可见气管黏膜充血、水肿，气管中有多量浆液性或干酪样渗出物。气囊壁增厚、混浊，有时见纤维素性或干酪样渗出物。消化道表现为嗉囊中积有大量液体，腺胃壁水肿，腺胃乳头肿胀、出血，肠道黏膜为卡他性出血性炎症。卵泡充血、变形、坏死、萎缩或破裂，形成卵黄性腹膜炎，输卵管黏膜发炎，输卵管内有大量黏稠状脓样渗出物。发病时间稍长的鸡，卵泡变形为菜花状并有坏死现象。肌肉、腹部脂肪、胸骨内膜、心冠脂肪、喉头、肠道等组织大面积出血，心肌、脾脏、胰腺出血坏死，肾脏肿大、出血。

（2）低致病性禽流感

①临床症状　病鸡采食量下降，排黄、白、绿粪，肿头、肿脸、甩头、流鼻涕；除精神沉郁、产蛋减少、产软蛋和产薄皮蛋增多外，主要表现为呼吸道症状（如咳嗽、啰音、喷嚏、鼻窦肿胀）等。发病率高，死亡率视炎性并发症及支气管栓塞程度不同有较大变化，死亡率高的达60％。

②剖检病变　最常见的为支气管栓塞，眼结膜炎，鼻窦炎，气囊炎，卵泡变形，输卵管萎缩，腹膜炎，心冠脂肪出血，腺胃乳头有脓性分泌物、基部偶有出血，胰腺变性、出血，肾脏肿大、出血；产蛋鸡还可见输卵管变性、干酪样渗出物，产沙皮蛋、软壳蛋及蛋色变浅等症状。

3. 防治措施　禽流感病毒的血清型很多，各型之间缺乏明显的交叉保护作用，而且病原变异性很大，易产生新的病毒亚型。针对病毒亚型多变的特点，必须使用多价疫苗。16～18日龄首免禽流感二价灭活疫苗（H5N1Re-6株＋H9N2 Re-2株），50～55日龄接种禽流感灭活疫苗（H5Re-6＋Re-7＋Re-8＋H9），加强免疫。

对于高致病性禽流感不作治疗，严格按一类疫病的要求进行处置；对于低致病性禽流感，治疗主要为抗病毒、祛痰，防止继发感染。

（二）新城疫

1. 病原和流行特点　鸡新城疫又称亚洲鸡瘟（俗称"鸡瘟"），是由鸡副黏病毒引起的一种急性、热性、败血性传染病，对养鸡业危害极大。鸡新城疫病毒存在于病鸡所有器官、体液、分泌物和排泄物中，对乙醚、氯仿敏感，在60℃ 30min失去活力，常用的消毒药，如2％氢氧化钠溶液、5％漂白粉、75％酒精在20min即可将其杀死。本病一年四季均可发生，尤以寒冷和气候多变季节多发。各种日龄的鸡均能感染，20～60日龄鸡最易感，死亡率也高。根据鸡新城疫病毒毒力不同，可将其分为三类：弱毒株、中强毒株和强毒株。鸡感染后的主要特征是呼吸困难、下痢、神经机能紊乱、黏膜和浆膜出血，呈以下流行特点：

（1）强毒新城疫不断发生，新城疫的宿主范围不断扩大，感染宿主增多。

（2）临床症状复杂，非典型新城疫呈多发趋势。

（3）单一发病较少，多呈混合性感染，多种病原混合感染将持续上升。

（4）发病日龄越来越小，最小可见10日龄以内的雏鸡发病。

（5）典型病变（如腺胃乳头出血）的诊断价值不断下降。

2. 临床症状　病鸡精神沉郁，食欲减退或拒食，排出绿色或黄白色稀粪。呼吸困难，表现有喘气、咳嗽、啰音，张口呼吸，常有"咕噜"声。口、鼻内有多量黏液，甩头时常见黏液流出。嗉囊内充满气体或液体。发病2～3d后死亡量增加，4～5d达到高峰，8～10d鸡只死亡速度缓慢下降。耐过鸡可出现阵发性痉挛，头颈扭转、角弓反张、运动失调以及麻痹症状。产蛋鸡在发病初期还表现产蛋量大幅度下降，软壳蛋、畸形蛋明显增多。

由于免疫程序或免疫方法不合理等多种因素造成鸡群免疫力不均衡而发生的新城疫，常呈非典型的经过，其特点为发病率和死亡率低，临床诊断表现和病理变化不明显。雏鸡和育成鸡发病时主要表现呼吸道和神经症状，产蛋鸡产蛋率突然下降，破蛋和软蛋较多，2～3周左右产蛋量回升，并可接近原来水平。

3. 剖检病变　发生典型新城疫时，病鸡呼吸道、鼻腔、喉头及气管内均可见浆液性或卡他性渗出物，气管黏膜充血、出血，气管内有多量黏液，有时见有出血。气囊壁混浊增厚，并有干酪样渗出物，渗出物多数是因为有支原体或大肠埃希氏菌混合感染导致。腺胃黏膜水肿、乳头出血，十二指肠黏膜和泄殖腔充血和出血，十二指肠后段回肠最为明显。盲肠扁桃体肿大，并有出血或出血性坏死。病程稍长，有时可见肠壁形成枣核状溃疡。蛋鸡卵泡充血、出血，有时破裂。心冠脂肪和腹腔脂肪有出血点。

非典型新城疫病理变化常不明显，往往看不到典型病变，常见的病变是心冠脂肪的针尖出血点，腺胃肿胀和小肠的卡他性炎症，盲肠扁桃体普遍出血，泄殖腔也多有出血点。如继发感染支原体或大肠埃希氏菌，则死亡率增加，表现有气囊炎和腹膜炎等病变。

诊断要点：

①高死亡率，疾病蔓延迅速。

②病鸡呼吸困难，口、鼻腔、喉头及气管内均可见浆液性或卡那性渗出物，气管黏膜充血、出血。

③排绿色粪便，出现神经症状。

④腺胃乳头水肿，有出血点。

⑤肠管呈暗红色至紫红色出血、坏死，十二指肠后段回肠最为明显。

4. 防治措施　免疫预防是预防和控制新城疫的重要措施。根据本地区疫病的流行情况，以及本场的饲养方式及饲养数量，选择合适的疫苗及适宜的免疫方法，制订本场合理的免疫程序并认真执行。做好环境消毒，做好鸡场（鸡舍）的空舍消毒、日常消毒，加强饲养管理。健全、完善鸡场的生物安全体系，尽量减少不同批次的鸡群在同舍或同场饲养，最好能做到全进全出。

实践证明，单纯使用弱毒苗进行免疫，往往不能使鸡群保持高水平的免疫状态，而时有非典型新城疫的发生。采用新城疫弱毒苗与油乳剂灭活苗联合免疫，可有效预防非典型新城疫的发生，同时既减少了免疫次数，又提高了免疫质量。

鸡群一旦发生新城疫，应立即采取紧急接种措施，并严格进行消毒，可有效防止疫情扩大，减少损失。具体方法为：雏鸡用新城疫Ⅳ系疫苗，每只鸡3～5头份量进行滴鼻、点眼，成年鸡可用新城疫Ⅳ系疫苗进行喷雾。病死鸡严格按规定无害化处理。

（三）传染性法氏囊病

1. 病原和流行特点 传染性法氏囊病是由传染性法氏囊病病毒引起的一种急性、高度接触性传染病。鸡最易感，一年四季均可发生，在育雏阶段发病率最高，以20～40日龄多发。

其特征为鸡突然发病，病鸡腹泻，精神沉郁，法氏囊肿大、出血，肾肿大，腿肌、胸肌出血。由于病鸡免疫系统遭受严重的破坏，导致免疫抑制，因此发生本病时可继发多种疫病或造成疫苗免疫失败，从而使病鸡对接种新城疫、马立克氏病等的疫苗后免疫应答降低，并且易继发感染大肠埃希氏菌病、新城疫等。

2. 临床症状 病鸡精神沉郁，采食量下降，下痢，排白色蛋清样、奶油状或黄白色水样稀便；羽毛竖立；发病率高，且发病突然，但症状消失也快，呈尖峰死亡曲线。

3. 剖检病变 病死鸡脱水，皮下干燥。腺胃与肌胃交界处、腺胃与食道交界处多有出血带。肾脏肿大、苍白，见有尿酸盐沉积。双腿对称性带状出血。胸肌带状或斑块状出血。法氏囊的变化最为明显，肿大、发黄、浆膜下水肿或出血。经典毒株感染后24h，法氏囊浆膜轻度水肿；36～48h，法氏囊开始肿大，浆膜水肿明显，黏膜开始肿胀；感染后72h法氏囊水肿最为严重，可见出血或有淡黄色的胶冻样渗出液，5d法氏囊开始萎缩。变异毒株只引起法氏囊迅速萎缩，超强毒株引起法氏囊严重出血、淤血，呈紫葡萄样。日龄过小或日龄较大的鸡群发病时，病变较轻或不典型，肌肉出血不明显。

本病可根据流行特点、临床表现及病理剖检中的特征病变作出初诊，在诊断中应注意与磺胺类药物中毒引起的出血综合征相区分。药物中毒可见肌肉出血，但无法氏囊等变化，同时鸡群有饲喂磺胺类药物史。另外，本病在发生过程中及发病前后常有新城疫的发生，在诊断中要十分注意，以免误诊造成更大损失。

4. 防治措施　传染性法氏囊病病毒对外界理化因素的抵抗力很强，对热和一般消毒药，尤其对酸的环境抵抗力很强。病毒可长期存活于环境中，对下一批雏鸡造成威胁。因此，雏鸡舍和患过本病的鸡舍应进行严格彻底消毒；否则，会造成连续多批次的雏鸡发病，而且发病日龄越来越小。所用消毒药以氯制剂、福尔马林和强碱消毒药效果较好。

防止育雏早期的隐性感染和提高雏鸡阶段的免疫效果，除首先做好卫生消毒工作外，种鸡场应主动做好免疫工作。种鸡场应在鸡群开产前（140～145日龄）用传染性法氏囊病灭活苗进行预防接种，这样才能保证种鸡在整个产蛋周期内，经蛋传递的母源抗体水平保持相对稳定，使雏鸡获得的母源抗体水平高且比较均匀，为雏鸡阶段的免疫打下基础，同时可有效预防早期的隐性感染。

该病免疫程序的制订，应根据当地本病的流行特点、饲养条件与鸡群类型和鸡只的母源抗体水平来考虑，尤为关键的是确定首免日龄。在生产中可参考以下接种方案：种鸡群，2～3周龄传染性法氏囊病弱毒疫苗饮水，4～5周龄传染性法氏囊病中等毒力疫苗饮水，开产前用传染性法氏囊病灭活疫苗肌内注射；肉鸡可在10～14日龄首免，25～28日龄二免；若母源抗体水平较高，可在18～24日龄只免疫一次。对于来源复杂或情况不明的雏鸡免疫可适当提前，并进行三次免疫。母源抗体水平偏低的鸡群首免可选用传染性法氏囊病弱毒疫苗，二免时用传染性法氏囊病中等毒力疫苗。对严重污染区、本病高发区的雏鸡可直接选用传染性法氏囊病中等毒力疫苗。加强对免疫传染性法氏囊病疫苗免疫后的效果监测，未达效果重新免疫。

鸡场一旦发生传染性法氏囊病，早期可用传染性法氏囊病中等毒力活疫苗紧急接种，也可及时注射传染性法氏囊病高免血清或高免卵黄抗体，每只鸡1～2mL，一般有很好的效果。但卵黄抗体的注射使经卵传播的一些病原可通

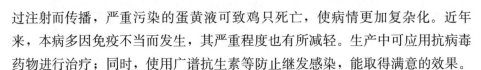

过注射而传播，严重污染的蛋黄液可致鸡只死亡，使病情更加复杂化。近年来，本病多因免疫不当而发生，其严重程度也有所减轻。生产中可应用抗病毒药物进行治疗；同时，使用广谱抗生素等防止继发感染，能取得满意的效果。

（四）传染性支气管炎

1. 病原和流行特点　传染性支气管炎是由冠状病毒引起的鸡的一种急性、高度接触性呼吸道传染病，是对养鸡业威胁最为严重的传染病之一。本病只感染鸡，雏鸡易感性强，本病以咳嗽、打喷嚏、气管啰音、肾脏肿大、产蛋下降和蛋品质差为特征。主要传播途径是呼吸道，病毒随病鸡的呼吸道分泌物排出，经飞沫或尘埃传给易感鸡。一年四季均可发生，以寒冷的冬季和冬春、秋冬季节交替时多发。对雏鸡饲养管理不善，如过热、过冷、拥挤、潮湿、通风不良、维生素和矿物质缺乏等均可促进本病的发生。

2. 临床症状和剖检病变　该病潜伏期短，一般18～36h，传播速度极快。各种年龄的鸡均可发病，但以雏鸡感染发病最为严重，在管理不良（通风不良、高密度、舍温过低）及营养不足的鸡群中多发。因毒株不同，在临床上将传染性支气管炎分为呼吸型、肾型、腺胃型。

（1）呼吸型　以呼吸道症状为主的传染性支气管炎，表现为咳嗽、打喷嚏、张口呼吸，病鸡因呼吸困难而死。剖检可见气管、支气管内有浆液性和纤维素性团块。产蛋鸡发病主要表现为产蛋下降，见有软壳蛋、畸形蛋，鸡蛋质量下降，蛋清稀薄如水样，蛋黄与蛋清分离。有的产蛋鸡外观发育正常，却不产蛋。剖检后见卵巢发育良好，但输卵管发育不全，输卵管短、管壁薄、管腔狭小。这可能是雏鸡早期阶段感染传染性支气管炎病毒造成输卵管的永久性损害所致。

（2）肾型　肾型传染性支气管炎近年来呈多发趋势，多发于20～50日龄的鸡群。新血清型不断出现，传统疫苗的保护力越来越低。病鸡临床表现为精神委顿，有呼吸啰音，流眼泪，采食量下降，生长受阻；排灰白色稀粪，早期见有轻微呼吸道症状，后期因脱水而死。成年鸡产蛋减少，蛋壳畸形，蛋品质下降，蛋清稀薄，发病率中等，无混合感染时死亡率低。剖检主要病变是肾脏明显肿大、色淡、肾小管和输尿管充盈尿酸盐而扩张，肾脏外观呈花斑状。

（3）腺胃型　腺胃型传染性支气管炎主要表现为病鸡流泪、眼肿、极度消瘦、排稀便和死亡并伴有呼吸道症状，发病率可达100%，死亡率不等。剖检腺胃肿大如球状，腺胃壁增厚，黏膜出血、溃疡，胰腺肿大、出血。

生产中常呈混合型感染，表现为呼吸困难、打喷嚏、闭眼、腹泻、鸡冠发紫、眼睑肿胀、产蛋下降 30％左右、蛋品质低劣、肾脏肿大和深层肌肉损伤等。

3. 防治措施

（1）加强饲养管理，提高舍内环境质量，确保舍内温度适合鸡群需要，满足其不同阶段的营养需求，做好卫生消毒工作，减少过冷、过热、通风不良等诱发因素。

（2）根据本地流行情况，有针对性地选用抗原谱广的传染性支气管炎多价疫苗，制订合理的免疫程序。

首免（5～7 日龄）可选用传染性支气管炎 H120 弱毒疫苗，二免（31～35 日龄）选用传染性支气管炎 H52 弱毒疫苗。

发生以呼吸道症状为主的传染性支气管炎后，使用抗生素可防止细菌继发感染，减轻症状，缩短病程，发生以肾病为主的传染性支气管炎可使用肾脏解毒药等提高肾功能，起到辅助治疗的作用。

（3）治疗肾型传染性支气管炎注意事项包括以下几点。

①饲料中停止添加损伤肾脏的药物，如磺胺类药物、庆大霉素、卡那霉素等，喹乙醇等毒性较大的药物也禁止添加。

②适当降低饲料中的蛋白质水平。

③保证充足的饮水，可在水中添加电解多维。

（五）马立克氏病

鸡马立克氏病是由马立克氏病病毒引起的一种淋巴组织增生性疾病。以病鸡的外周神经、性腺、虹膜、各种内脏器官、肌肉和皮肤发生单核细胞浸润，形成淋巴肿瘤为特征，是鸡常见传染病之一，死亡率高，严重影响养殖效益。

1. 病原流行特点　传染源为病鸡和带毒鸡（感染马立克氏病的鸡大部分为终生带毒），其脱落的羽毛囊上皮、皮屑和鸡舍中的灰尘是主要传染源。此外，病鸡和带毒鸡的分泌物、排泄物也具有传染性。病毒主要经呼吸道传播。本病主要感染鸡，不同品种的鸡均可感染。火鸡、野鸡、鹌鹑和鹦鹉均可自然感染，但发病极少。

2. 临床症状　本病自然感染潜伏期为 3～4 周至几个月，一般分为神经型

（古典型）、急性型（内脏型）、眼型和皮肤型4种，有时可混合发生。

（1）神经型　病鸡症状主要表现为步态不稳，共济失调。特征症状是一肢或双肢麻痹或瘫痪，呈现一腿伸向前方、一腿伸向后方，翅膀麻痹下垂（俗称"穿大褂"）的状态。颈部麻痹致使头、颈歪斜，嗉囊因麻痹而扩大（俗称"大嗉子"）。

（2）急性型（内脏型）　幼龄鸡感染，常在70～100日龄的宁都黄鸡群中出现症状，临床出现消瘦、衰竭症状，死亡率高。

（3）眼型　主要侵害虹膜，单侧或双眼发病，视力减弱，甚至失明。可见虹膜增生褪色，呈混浊的淡灰色（俗称灰眼或银眼）。瞳孔收缩，边缘不整齐，呈锯齿状。

（4）皮肤型　以皮肤毛囊形成小结节或肿瘤为特征。最初见于颈部及两翅皮肤，以后遍及全身皮肤。

3. 剖检病变　神经型症状剖检可见受害神经肿胀、变粗，常发生于坐骨神经、颈部迷走神经、臂神经丛、腹腔神经丛和肠系膜神经丛，神经纤维横纹消失，呈灰白色或黄白色。急性型剖检可见内脏器官有灰白色的淋巴细胞性肿瘤。常见于性腺（尤其是卵巢），其次是肾脏、脾脏、心脏、肝脏、胰脏、肺、肠系膜、腺胃、肠道和肌肉等器官组织。

4. 鉴别诊断　根据典型临床症状和病理变化可作出初步诊断，确诊需进一步进行实验室诊断。

5. 防治措施　将孵化场或孵化室远离鸡舍，定期严格消毒，防止出壳时早期感染。育雏期间的早期感染也是暴发本病的重要原因，因此育雏室入雏鸡前应彻底清扫和消毒。肉鸡群应采取全进全出制，每批鸡出售后空舍1～3个月，进行彻底清洗和消毒后再饲养下一批鸡。鸡马立克氏病疫苗在控制本病中起关键作用，应按免疫程序接种马立克氏病疫苗，防止疫病发生。通常要求雏鸡出壳后24h内一定要接种马立克氏病液氮疫苗（CVI988株）。疫苗稀释后要在尽可能短的时间内用完。需要注意的是接种后的疫苗在体内2周左右才能产生免疫力，此期应注意防止感染。发生本病时，应采取严格控制、扑灭措施，防止病情扩散，被污染的场地、鸡舍、用具和粪便等要进行严格消毒。

（六）传染性喉气管炎

1. 病原和流行特点　鸡传染性喉气管炎是由疱疹病毒引起的一种急性呼

吸道传染病。典型症状为病鸡高度呼吸困难，咳血性渗出物，喉和气管黏膜肿胀、出血，并形成烂斑。本病主要侵害鸡，育成鸡和成年蛋鸡多发。主要通过呼吸道传播，康复鸡可带毒1年以上，因此病鸡和康复后带毒鸡是本病的主要传染来源。本病一般呈地区性流行，以寒冷的秋、冬季多发。

2. 临床症状和剖检变化　鸡突然发病，传播迅速。病初病鸡流泪，鼻腔流出分泌物。经1～2d则出现严重呼吸困难，病鸡张口呼吸、甩头，剧烈咳嗽，并有带血的黏液或血凝块被咳出。喉部有灰黄色或带血的黏液，或见干酪样渗出物。产蛋鸡发病后可导致产蛋量下降。

本病主要病变为喉和气管的前半部黏膜肿胀、充血、出血，甚至坏死。病初发病初期喉头、气管可见带血的黏性分泌物或条状血凝块；中后期死亡鸡只喉头气管黏膜附有黄色黏液或黄色干酪样物，并在该处形成栓塞，鸡只多因窒息而死。

3. 防治措施　一般情况下，本地区未发生过该病或者发生不严重，则鸡场可不接种疫苗，主要依靠认真执行环境卫生消毒制度、加强饲养管理、提高鸡只健康水平等措施预防。若本地区发病严重或鸡场已发生过该病，则应进行免疫接种预防该病。免疫方法为根据本地区情况，选择合适的传染性喉气管炎弱毒疫苗，在40日龄左右进行免疫，多采用点眼方法进行，其优点是免疫确实，免疫后反应较小。

鸡群一旦发病，在做好饲养管理和带鸡消毒管理工作的基础上，应选择传染性喉气管炎中等毒力疫苗进行紧急接种，并对鸡群进行对症治疗。

（七）白血病

鸡白血病是由禽C型反转录病毒群的病毒引起的禽类多种肿瘤性疾病的统称，主要是淋巴细胞性白血病，其次是成红细胞性白血病、成髓细胞性白血病。此外，还可引起骨髓细胞瘤、结缔组织瘤、上皮肿瘤、内皮肿瘤等。大多数肿瘤侵害造血系统，少数侵害其他组织。

1. 病原和流行特点　禽白血病病毒属于反转录病毒科禽C型反转录病毒群，禽白血病病毒与肉瘤病毒紧密相关，因此统称为禽白血病或肉瘤病毒。本群病毒内部是直径35～45nm的电子密度大的核心，外面是中层膜和外层膜，整个病毒子直径80～120nm，平均为90nm。

禽白血病病毒的多数毒株能在11～12日龄鸡胚中生长良好，可在绒毛尿囊膜产生增生性痘斑。腹腔或其他途径接种1～14日龄易感雏鸡，可引起鸡发病。多数禽白血病病毒可在鸡胚成纤维细胞培养物内生长，通常不产生任何明显的细胞病变，但可用抵抗力诱发因子试验来检查病毒的存在。

禽白血病（肉瘤病毒）对脂溶剂和去污剂敏感，对热的抵抗力弱。病毒材料需保存在−60℃以下，在−20℃很快失活。本群病毒在pH 5～9稳定。

本病在自然情况下只有鸡能感染人工接种时，野鸡、珍珠鸡、鸽、鹌鹑、火鸡和鹧鸪也可引起肿瘤。不同品种的鸡对病毒感染和肿瘤发生的差异很大。母鸡的易感性比公鸡强，多发生在18周龄以上的鸡，呈慢性经过，病死率为5%～6%。

2. 传染源

（1）动物传染　传染源是病鸡和带毒鸡。有病毒血症的母鸡，其整个生殖系统都有病毒繁殖，以输卵管的病毒浓度最高，特别是蛋白分泌部，因此其产出的鸡蛋常带毒，孵出的雏鸡也带毒。这种先天性感染的雏鸡常有免疫耐受现象，它不产生抗肿瘤病毒抗体，长期带毒排毒，成为重要传染源。后天接触感染的雏鸡带毒排毒现象与其年龄有很大关系，雏鸡在2周龄以内感染这种病毒，发病率和感染率很高，母鸡产下的蛋带毒率也很高；4～8周龄雏鸡感染后发病率和死亡率大大降低，其产下的蛋也不带毒；10周龄以上的鸡感染后不发病，产下的蛋也不带毒。

（2）自然传染　在自然条件下，本病主要以垂直传播方式进行传播，也可水平传播，但比较缓慢，多数情况下接触传播被认为是不重要的。在宁都黄鸡群中，本病的感染虽很广泛，经检测高的达40%以上，但临床病例的发生率相当低，即使偶有发病症状也多为散发。饲料中维生素缺乏、内分泌失调等因素可促进本病的发生。

3. 临床症状和剖检变化　由于感染的毒株不同，因此鸡感染白血病的症状和病理特征不同。

（1）淋巴细胞性白血病　是最常见的一种病型。14周龄以下的鸡极为少见，至14周龄以后开始发病，在性成熟期发病率最高。病鸡精神委顿，全身衰弱，进行性消瘦和贫血；鸡冠、肉髯苍白，皱缩，偶见发绀；食欲减少或废绝，腹泻，产蛋停止；腹部常明显膨大，用手按压可摸到肿大的肝脏，最后衰竭死亡。

剖检可见肿瘤主要发生于肝脏、脾脏、肾脏、法氏囊，也可侵害心肌、性腺、骨髓、肠系膜和肺。肿瘤呈结节形或弥漫形，从灰白色到淡黄白色，大小不一，切面均匀一致，很少有坏死灶。组织学检查，见所有肿瘤组织都是灶性和多中心性的，由成淋巴细胞（淋巴母细胞）组成，全部处于原始发育阶段。

（2）成红细胞性白血病　此病比较少见，通常发生于 6 周龄以上的高产鸡。临床上分为两种病型，即增生型和贫血型。增生型较常见，主要特征是血液中存在大量的成红细胞，贫血型在血液中仅有少量未成熟细胞。两种病型的早期症状为，病鸡全身衰弱，嗜睡，鸡冠稍苍白或发绀；消瘦、下痢；病程为12d 到几个月。

剖检时见两种病型都表现为全身性贫血，皮下、肌肉和内脏有点状出血。增生型的特征性肉眼病变是肝脏、脾脏、肾脏呈弥漫性肿大，从樱桃红色到暗红色，有的剖面可见灰白色肿瘤结节。贫血型病鸡的内脏常萎缩，尤以脾脏为甚，骨髓色淡呈胶冻样。外周血液中的红细胞数量显著减少，血红蛋白含量下降。增生型病鸡出现大量的成红细胞，占全部红细胞的 90%～95%。

（3）成髓细胞性白血病　此型很少自然发生。病鸡临床表现为嗜睡，贫血，消瘦，毛囊出血，病程比成红细胞性白血病长。剖检时见骨髓坚实，呈红灰色至灰色。在肝脏偶见，其他内脏也发生灰色弥散性肿瘤环节。组织学检查见大量成髓细胞于血管内外积聚。外周血液中常出现大量的成髓细胞，其总数可占全部血组织的 75%。

（4）骨髓细胞瘤　此型自然病例极少见，病鸡的全身症状与成髓细胞性白血病相似。由于骨髓细胞生长，因此病鸡头部、胸部和跗骨异常突起。这些肿瘤很特别地突出于骨的表面，多见于肋骨与肋软骨连接处、胸骨后部、下颌骨及鼻腔的软骨上。骨髓细胞瘤呈淡黄色，柔软、脆弱或呈干酪状、散状或结节状，且多两侧对称。

（5）骨硬化病　在骨干或骨干长骨端区存在均一的或不规则的增厚。晚期病鸡的骨呈特征性的"长靴样"外观。病鸡发育不良、苍白，行走拘谨或跛行。

（6）其他　如血管瘤、肾瘤、肾胚细胞瘤、肝癌和结缔组织瘤等，自然病例均极少见。

4. 鉴别诊断　本病常根据血液学检查和病理学特征结合病原与抗体的检查来确诊。成红细胞性白血病在外周血液、肝及骨髓涂片，可见大量的成红细胞，肝和骨髓呈樱桃红色。成髓细胞性白血病在血管内外均有成髓细胞积聚，肝呈淡红色，骨髓呈白色。淋巴细胞性白血病应注意与马立克氏病鉴别。

5. 防治　本病主要为垂直传播，病毒型间交叉免疫力很低，雏鸡免疫耐受，对疫苗不产生免疫应答，因此对本病的控制尚无切实可行的方法。减少种鸡群的感染率和建立无白血病的种鸡群是控制本病的最有效措施。对病原的分离和抗体的检测是建立无白血病鸡群的重要手段。种鸡在育成期和产蛋期应各进行 2 次检测，以淘汰阳性鸡。从蛋清和阴道拭子试验阴性的母鸡选择受精蛋进行孵化，在隔离条件下出雏、饲养，连续进行 4 代，建立无病鸡群。但由于费时长、成本高、技术复杂，因此在一般种鸡场还难以实行。目前仅有宁都黄鸡原种场、江西省惠大实业有限公司宁都黄鸡祖代场进行了禽白血病的净化，其他扩繁场依托以上两个场供种而降低了感染率。

（八）鸡痘

鸡痘又称白喉，是由鸡痘病毒引起的一种急性、热性传染病。其特征为传播速度快、发病率高，病鸡皮肤无毛处发生增生性皮肤损伤形成结节（皮肤型），或在上呼吸道、口腔和食道黏膜发生纤维素性坏死和增生性损伤（白喉型）。

1. 病原和流行特点　不同的家禽均由各自禽痘病毒引起，鸭、鹅等水禽易感性较低，也很少见明显症状，鸡和火鸡易感性高，且各种年龄的鸡均易感。本病一年四季均可发生，但秋季发病率最高，一般在秋季和冬初发生皮肤型鸡痘较多，在冬季则以白喉型鸡痘常见，特别是在鸡群饲养密度大、通风不良、卫生条件差，以及日粮中维生素含量不足时更易发病。鸡痘病毒随病鸡的皮屑及脱落的痘痂等散布在饲养环境中，经皮肤黏膜侵入其他鸡体内，遇创伤部位更易于入侵。有些吸血昆虫，如蚊虫能够传播病毒，也是夏、秋季节本病流行的一个重要媒介。

2. 临床症状　本病自然感染的潜伏期为 4～10d，鸡群常是逐渐发病。病程一般为 3～5 周，严重暴发时可持续 6～7 周。根据患病部位不同主要分为 3 种类型，即为皮肤型、黏膜型和混合型。

（1）皮肤型　是最常见的病型，多发生于雏鸡。病初在冠髯、口角、眼睑、腿等处，出现红色隆起的圆斑，逐渐变为痘疹，初呈灰色，后为黄灰色。经 1～2d 后形成痂皮，然后周围出现瘢痕，有的不易愈合。眼睑发生痘疹时，由于皮肤增厚，因此眼睛完全闭合。病情较轻时不引起全身症状，较严重时则出现精神不振、体温升高、食欲减退、成年鸡产蛋减少等。如无并发症，病鸡的死亡率一般不高。

（2）黏膜型　多发生于青年鸡和成年鸡，症状主要出现在口腔、咽喉和气管等黏膜表面。病初出现鼻炎症状，从鼻孔流出黏性鼻液，2～3d后先在黏膜上生成白色的小结节，稍突出于黏膜表面；以后小结节增大形成一层黄白色干酪样的假膜，这层假膜很像人的白喉，故又称白喉型鸡痘。如用镊子撕去假膜，下面则露出溃疡灶。病鸡全身症状明显，精神萎靡，采食与呼吸发生障碍，脱落的假膜落入气管可导致窒息死亡。病鸡死亡率一般在5%以上，雏鸡严重发病时死亡率可达50%。

（3）混合型　有些病鸡在头部皮肤出现痘疹，同时在口腔出现白喉病变。

3. 病理变化　体表病变如临床所见，除皮肤和口腔黏膜的典型病变外，口腔黏膜病变可延伸至气管、食道和肠，肠黏膜可出现小点状出血，肝脏、脾脏、肾脏常肿大，心肌有时呈实质变性。

4. 防治措施

（1）预防接种　本病可用鸡痘疫苗接种预防。10日龄以上的雏鸡都可以刺种，免疫期幼雏2个月、较大的鸡5个月。刺种后3～4d刺种部位应微现红肿、结痂，经2～3周结痂脱落。

（2）严格消毒　要保持环境卫生，经常进行环境消毒，消灭蚊子等吸血昆虫及其孳生地。发病后要隔离病鸡，轻者治疗、重者扑杀，并与死鸡一起深埋或焚烧。污染场地要严格消毒。

（3）对症治疗　皮肤型的可用消毒过的镊子将患部痂膜剥离，在伤口上涂一些碘酊或龙胆紫；黏膜型的可将口腔和咽部的假膜斑块用小刀小心剥离，涂抹碘甘油。剥下的痂膜烂斑要收集起来焚烧。眼部内的肿块，可先用小刀将表皮切开，挤出脓液或豆渣样物质，用2%硼酸或5%蛋白银溶液消毒。除局部治疗外，每千克饲料加土霉素2g，连用5～7d，可防止继发感染。

（4）种植植物　在鸡场人工种植白背黄花稔可驱杀蚊子，减少鸡痘传播与发生。

二、真菌性传染病

鸡真菌性传染病以鸡冠癣病常发。

1. 病原和流行特性 鸡冠癣病又称头癣，主要发生于鸡，是由头癣真菌引起的一种真菌性皮肤病，特征是在头部无羽毛处，特别是鸡冠上形成黄白色、鳞片状的癣痂。本病在炎热、潮湿的环境中易发。头癣真菌属浅部真菌，喜欢温暖、潮湿的环境，过于干燥的不利于其生长。因此，在我国南方高温、高湿的地区，本病的发病率更高。一般多是通过皮肤伤口传染或直接接触传染，逐渐散播。在鸡群饲养密度大、鸡舍通风不良和环境卫生较差等情况下，可加剧该病的发生和传播。

2. 临床症状 发病鸡有的鸡冠表面苍白，并覆盖白膜，白膜脱落后鸡冠变硬变厚；有的鸡冠上出现小水疱，破溃结痂后形成黑色痂块。病鸡频繁甩头（头部皮肤搔痒所致），烦躁不安，精神差；鸡群生长速度缓慢，均匀度很差；由于感染真菌后损伤皮毛，故鸡冠苍白、不红艳，羽毛缺乏正常的光泽。

3. 剖检病变 除鸡冠病变外，可见上呼吸道和消化道黏膜点状坏死，偶见支气管发生炎症变化。

4. 实验室诊断 用灭菌后的镊子夹取鸡冠上覆盖的白膜，置于载玻片上，加10%氢氧化钾溶液，覆盖小玻片，在酒精灯上加热，待有气泡冒出时即停止，然后压紧玻片进行镜检，在弱光下低倍镜观察可见短而弯曲的线状菌丝。

5. 防治措施 以消毒、增加营养为主要原则。

（1）可在饮水中添加多种维生素，减少鸡群对致病因子的应激，调节新陈代谢，降低免疫抑制，增强鸡只的抵抗力。

（2）用聚维酮碘溶液按1∶500倍稀释，对鸡棚、场地及鸡群进行带鸡消毒，每天2次。白天带鸡消毒后，将鸡群赶出大棚至户外活动。聚维酮碘溶液喷雾在鸡棚场地、鸡体身上，不断释放游离碘，能破坏致病真菌的新陈代谢，使其失去活性，从而达到杀灭真菌的效果。

（3）对于鸡冠癣病，宁都黄鸡群中偶有发生，目前尚无很有效的治疗和消毒办法。预防方法主要是加强鸡场消毒，做好环境卫生，保证场地清洁、干燥；保持禽体清洁，饲养密度不宜过大。发现病鸡要及时隔离，保持感染部位清洁、干燥。轻者用肥皂水清洗患部，擦干后用碘甘油涂擦，连用7～10d，同时应避免感染部位被划伤；重病鸡必须作淘汰处理。发病鸡场待鸡群全部处理后，应休养至少1年再行养鸡，有条件的可将鸡场废弃。

三、细菌性传染病

（一）鸡白痢

1. 病原与流行特点　鸡白痢是由鸡白痢沙门氏菌引起的各年龄宁都黄鸡均可发生的一种传染病。雏鸡通常表现为急性败血性经过。发病雏鸡精神倦怠，排白色稀便，成年鸡则表现为慢性或隐性感染。本病一年四季均可发生，鸡最易感，其他鸟类（如火鸡、鸽、麻雀）也可感染。本病为鸡的一种经卵传播的疾病，种鸡场如被该菌污染，在孵化过程中可造成胚胎死亡，孵出的雏鸡中有病雏。同时病鸡和带菌鸡成为该病发生的主要来源，通过消化道感染，使该病在同群鸡中互相感染传播。

2. 临床症状与剖检病变

（1）雏鸡　一般在出壳后 3～7d 发病增多，开始死亡，7～15 日龄为发病死亡高峰。病鸡精神委顿、呆立、生长发育不良，排白色浆糊样粪便，污染肛门周围绒毛，甚至将肛门糊堵。剖检病变见卵黄吸收不良，外观呈黄绿色，内容物稀薄。肝脏淤血、肿大，表面可见灰白色坏死点；肺脏淤血，呈褐色，有坏死灶。20 日龄至 2 月龄病死雏，还可见心肌形成灰黄色坏死结节，坏死灶界限不清，严重时使心脏变形。

（2）成年鸡　多呈慢性经过或隐性感染，病鸡常无明显症状。当鸡群感染比例较大时，可明显影响产蛋量，产蛋高峰产蛋量不多，维持时间亦短，死淘率增高。病死鸡主要病变在卵巢，卵巢变形，呈不规则形状；卵巢变性，内容物呈稀薄的水样。有的卵泡落入腹腔形成包囊，有的卵泡破裂造成卵黄性腹膜炎。慢性感染有时见肝脏肿大、破裂，内出血。

3. 防治措施　种鸡场应做好鸡白痢的净化工作，并持之以恒。雏鸡防治鸡白痢，应进行预防性投药，在进雏后用药 3～5d 可有效防止雏鸡白痢的发生。

（二）大肠埃希氏菌病

1. 病原和流行特点　鸡大肠埃希氏菌病是由致病性大肠埃希氏菌引起的一种常见多发病。其中包括多种病型，且复杂多样，是目前危害养鸡业重要的细菌性疾病之一。大肠埃希氏菌是一种条件性病原微生物，广泛存在于饲料、垫草、粪污和鸡舍的灰尘中，也作为常在菌存在于正常动物的肠道中。当机体抵抗力下降，特别是应激情况下（长途运输、气温骤变、饲喂不当等），细菌的致病性即可表现出来，使感染的鸡发病。因此，本病常成为某些传染病的并发病或继发病，如鸡传染性法氏囊病、传染性鼻炎及慢性呼吸道病等。

2. 临床症状与剖检病变　　本病根据发病的年龄、侵害部位，以及与其他痢疾混合感染的不同情况而表现为不同的病型。临床常见的有以下几种：

（1）雏鸡脐炎　　感染发生于孵化过程中，病雏表现为腹部膨大，脐孔不闭合，周围皮肤呈褐色，排灰白色水样粪便，多在出壳后 2～3d 发生败血症死亡。耐过鸡则卵黄吸收不良，生长发育受阻。

（2）急性败血症　　本型大肠埃希氏菌病可发生于任何年龄的鸡，多呈急性经过，表现为精神委顿，排出绿白色稀粪，可在短期内死亡。剖检最急性病例呈败血症状经过，病程稍长的病例出现浆液性纤维素性心包炎、纤维素性肝周炎及腹膜炎等病变。

（3）气囊炎　　6～9 周龄为发病高峰，常由大肠埃希氏菌与其他病原（支原体、传染性支气管炎病毒）合并感染所致。病鸡表现为呼吸困难、咳嗽、打喷嚏等。剖检时可见气囊壁增厚、混浊，囊内有淡黄色干酪性渗出物；心包膜增厚，心包腔内有多量纤维素性渗出物；肝脏表面有纤维素性渗出物覆盖；腹腔内有积液。死亡率可达 8%～10%。

（4）全眼球炎　　鸡舍内空气中大肠埃希氏菌密度过大，可感染幼鸡引起眼球炎。表现为眼睑封闭，外观肿大，眼内蓄积多量脓液或干酪样物质，多为单侧性感染。病鸡生长不良，逐渐消瘦死亡。

3. 防治措施　　本病的预防措施主要是搞好环境卫生，保持鸡舍通风良好，饲养密度适当，排除各种应激因素。选择优良的消毒剂，如氯制剂、碘制剂、过氧化物等，进行带鸡喷雾消毒，以减少空气中的大肠埃希氏菌含量。同时，还应进行药物预防。

对被大肠埃希氏菌污染较为严重的鸡场应将药物预防纳入防控程序。药物使用具体方法为：进雏后使用 3～5d，42～45 日龄雏鸡转育成鸡时使用 3～5d，在蛋鸡开产前使用 3～5d。有条件的鸡场可进行药敏试验，选择敏感药物交替使用。

鸡群发生大肠埃希氏菌病，应立即投服广谱抗菌药物。早期投药可控制早期感染的病鸡，促使痊愈，防止新发病例的出现。对于已出现明显症状且体重已减轻的病鸡，应及时淘汰，因其即使耐过也无饲养经济价值。同时，加强饲养管理和带鸡消毒工作。

（三）葡萄球菌病

鸡葡萄球菌病是由金黄色葡萄球菌引起的一种人兽共患传染病。鸡感染本病后的特征为，幼雏常呈急性败血症，青年鸡和成年鸡多呈慢性型，表现为关节炎和翅膀坏死。

1. 病原和流行特点　金黄色葡萄球菌在自然界中分布很广，在土壤、空气、尘埃、饮水、饲料、地面、粪便及物体表面均存在。鸡葡萄球菌病的发病率与鸡舍内环境中存在的病菌量成正比。其发生与以下几个因素有关：①环境、饲料及饮水中病原含量较多。②皮肤出现损伤，如啄伤、刮伤、笼网创伤及刺种疫苗等造成的创伤等，为病原侵入提供了条件。③在鸡舍通风不良、卫生条件差、高温高湿、饲养方式及饲料突然改变等应激因素下，鸡的抵抗力降低。④由鸡痘等其他疫病诱发和继发。

本病的发生无明显季节性，急性败血型多见 2～3 周龄的幼鸡，青年鸡和成年鸡也有发生，但呈急性或慢性经过。关节炎型多见于比较大的青年鸡和成年鸡，鸡群中仅个别鸡或少数鸡发病。脐炎型发生于 1 周龄以内的幼雏。

2. 临床症状和病理变化　由于感染的情况不同，因此本病可表现多种症状，主要可分为急性败血型、关节炎型、脐炎型、肺炎型、眼型等。

（1）急性败血型　病鸡精神不振或沉郁，羽毛松乱，两翅下垂，闭目缩颈，低头昏睡，食欲减退或废绝，体温升高。部分鸡腹泻，排出灰白色或黄绿色稀便。病鸡胸、腹部甚至大腿内侧皮下水肿，积聚血液及渗出液，外观呈紫色或紫褐色，有波动感，局部羽毛脱落；有时自然破裂，流出茶色或浅紫红色液体，污染周围羽毛。脚趾肿大，呈红色。剖检可见胸、腹部皮下呈出血性胶样浸润。胸肌水肿，有出血斑或条纹状出血。肝脏肿大，有花纹样变化。脾脏肿大，有白色坏死点。

（2）关节炎型　病鸡除一般症状外，还表现蹲伏、跛行、瘫痪或侧卧。足、翅关节发炎和肿胀，尤以跗、趾关节肿大较为多见，局部呈紫红色或紫褐色，破溃后结成黑色痂，有的有趾瘤，脚底肿胀。剖检可见关节炎和滑膜炎。

（3）脐炎型　是孵出不久的幼雏发生葡萄球菌病的一定病型，对雏鸡可造成一种危害。由于某些原因，鸡胚及新出壳的雏鸡脐带闭合不严，感染葡萄球菌后，即可引脐炎。病雏除一般症状外，可见脐部肿大，局部呈黄红色、紫黑色，质地稍硬，间有分泌物。剖检可见脐内有暗红色或黄红色液体，时间稍久则为脓样干涸坏死物。肝脏表面有出血点。卵黄吸收不良。

（4）眼型 此型葡萄球菌病多在败血型发生后期出现，也可单独出现。病鸡主要表现为上下眼睑肿胀、闭眼，被脓性分泌物粘住，用手掰开时则见眼结膜红肿，眼角有多量分泌物，并见有肉芽肿。

（5）肺型 病鸡主要表现为全身症状及呼吸障碍。剖检可见肺部淤血、水肿，有时甚至可以见到黑紫色坏疽样病变。

3. 防治措施

（1）预防 搞好鸡舍卫生和消毒，减少病原的存在。避免鸡的皮肤损伤，减少病原菌的感染途径。发现病鸡要及时隔离，以免散布病原。饲养和孵化工作人员皮肤有化脓性疾病的不要接触种蛋，种蛋入孵前要进行消毒。

（2）治疗 对葡萄球菌有效的药物有青霉素、广谱抗生素和磺胺类药物等，但耐药菌株比较多，尤其是耐青霉素的菌株比较多，治疗前最好先进行药敏试验。如无条件，首选药物有新生霉素、卡那霉素、庆大霉素等。

（四）绿脓杆菌病

鸡绿脓杆菌病是由绿脓杆菌引起的一种传染病，主要特征为病鸡眼周围及肉髯肿胀，排水样稀便，死前出现神经症状。

1. 病原和流行特点 各种年龄的鸡均可感染发病，从零星死亡到死亡率高达95%，2月龄以内的幼鸡常暴发。种蛋孵化过程中，污染绿脓杆菌是雏鸡暴发绿脓杆菌病的重要原因。另外，长途运输、温度突变、饲养管理和卫生条件太差均可促使本病的发生。

2. 临床症状 发病初期鸡常无明显症状而突然死亡。病程稍长者表现为精神萎靡，羽毛松乱，喜卧，食欲减退及至废绝，排水样稀便，眼周围和肉髯水肿。有的病鸡口流黏液，站立不稳、颤抖、抽搐，最后死亡。

3. 剖检病变 2～3日龄病雏，部分可见颈部皮下有少量淡色胶冻样液体，脑膜水肿，脑实质有点状出血，多数无明显的眼观病变。年龄较大的病鸡可见肝脏、脾脏肿大，肝脏表面有大小不一的出血点和灰黄色小米粒大小的坏死灶。心包膜增厚，有的雏鸡心包内积聚胶冻状液体，心外膜有出血点，气囊混浊、增厚。肠黏膜呈卡他性至出血性炎症。有的病鸡可见肝周炎和肺炎病变。

4. 防治措施

（1）预防　本病的发生主要是种蛋及孵化过程中卫生消毒不严，或出壳雏鸡接种马立克氏病疫苗消毒不严造成的。因此，预防本病的最根本方法是消除环境污染，严格进行各环节的消毒。绿脓杆菌广泛存在于自然界，如动物体表、空气、粪便及土壤中。因此，应切实做好种蛋收集、贮存、入孵、孵化期及出雏的消毒工作，防止病原菌污染。同时，要加强鸡群的饲养管理，减少应激反应，增强鸡的抗病能力。

（2）治疗　绿脓杆菌对许多抗菌药物敏感，但也极易产生耐药性，因而使用药物前最好进行药敏试验。若不具备药敏试验条件，庆大霉素可列为首选药物。用庆大霉素混水，每升饮水中加 10 万 IU，连用 3～5d。

（五）禽霍乱

禽霍乱是由多杀性巴氏杆菌引起的一种接触传染性烈性传染病。其特征为传播速度快，病鸡呈急性死亡，剖检可见心冠脂肪出血和肝脏有针尖大小的坏死点。

1. 病原和流行特点　各种家禽及野禽均可感染本病，鸡、鸭最易感。本病常呈散发或地方性流行，一年四季均可发生，但以秋、冬季节最为多见。

本病的主要传染源是病禽和带菌禽，病原随分泌物和粪便污染环境，被污染的饲料、饮水及工具等是重要的传播媒介，感染的猫、猪及野鸟等闯入鸡舍，也可造成鸡群发病。其感染途径主要是消化道和呼吸道，也可经损伤的皮肤感染。此外，健康鸡的呼吸道内有时也带菌但不发病。在潮湿、拥挤、转群、骤然断水断料或更换饲料、气候剧变、寒冷、闷热、阴雨连绵、通风不良、长途运输、寄生虫感染等应激因素作用下，鸡的抵抗力降低，这时存在于呼吸道内的病原则发生内源性感染而造成鸡群发病。

2. 临床症状　本病的潜伏期为 1～9d，最快的发病后数小时即死亡。根据病程长短一般可分为最急性型、急性型和慢性型。

（1）最急性型　常见于本病流行初期，多发生于体壮高产鸡，几乎看不到明显症状，鸡突然不安，痉挛抽搐，倒地挣扎，双翅扑地，迅速死亡。有的鸡在前一天晚上还表现正常，而在翌日早晨却发现已死在舍内，甚至有的鸡在产蛋时猝死。

（2）急性型　该型病鸡最为多见，是随着疫情的发展而出现的。病鸡精神萎靡，羽毛松乱，两翅下垂，闭目缩颈，呈昏睡状。体温升高至 43～44℃。口鼻常常流出许多黏性分泌物，冠髯呈蓝紫色。呼吸困难，急促张口，常发出"咯咯"声。同时，发生剧烈腹泻，排绿色或灰白色稀便。食欲减退或废绝，饮欲增加。病程 1～3d，最后发生衰竭死亡。

（3）慢性型　多由急性型病例转化而来，一般在流行后期出现。病鸡一侧或两侧肉髯肿大，关节肿大、化脓、跛行。有些病例出现呼吸道症状，呼吸困难。有的病鸡虽然康复，但生长受阻，甚至长期不能产蛋，成为传播病原的带菌者。

3. 剖检病变

（1）最急性型　无明显病变，仅见心冠脂肪有针尖大小的出血点，肝脏表面有小点状坏死灶。

（2）急性型　浆膜出血。心冠脂肪密布出血点，心包变厚，心包液增多、混浊。肺脏充血、出血。肝脏肿大、变脆，呈棕色或棕黄色，并有特征性针尖大小或粟粒大小的灰黄色或白色坏死灶。脾脏一般无明显变化。肌胃和十二指肠黏膜严重出血，整个肠道呈卡他性或出血性肠炎，肠内容物混有血液。

（3）慢性型　病鸡消瘦，贫血，表现呼吸道症状时可见鼻腔和鼻窦内有多量黏液，有时可见肺脏有较大的黄白色干酪样坏死灶。有的病例在关节囊和关节周围有渗出物和干酪样坏死；有的可见鸡冠、肉髯或耳叶水肿，进一步可发生坏死。

4. 防治措施

（1）预防

①加强鸡群的饲养管理，减少应激因素的影响，搞好清洁卫生和消毒，提高鸡的抵抗力。

②严防引进病鸡和康复后的带菌鸡，引进的新鸡应隔离饲养。若需合群，需隔离饲养 1 周，同时服用土霉素 3～5d；合群后，全群鸡再服用土霉素 2～3d。

③疫苗接种，在疫区可定期预防接种禽霍乱菌疫苗。

④药物预防　鸡群处于开产前后或产蛋高峰期，对禽霍乱的易感性高，秋末冬初，天气多变或遇连阴天时发病的可能性大。用土霉素 2～3d，必要时可间隔 10～15d 再用 1 次，对其他细菌性疾病也兼有预防作用。在长途运输、鸡

群重新组群时，可服用土霉素 2～3d，以减轻鸡群应激。

（2）治疗

①在饲料中加入 0.5%～1% 的磺胺二甲基嘧啶粉剂，连用 3～4d，停药 2d 再服用 3～4d。也可以在每 1 000mL 饮水中，加 1g 磺胺二甲基嘧啶，溶解后连续饮用 3～4d。

②在饲料中加入 0.1% 的土霉素，连用 7d。

四、寄生虫病

（一）球虫病

鸡球虫病是鸡常见且危害十分严重的寄生虫病，是由一种或多种球虫引起的急性流行性寄生虫病，造成的经济损失是惊人的。10～30 日龄的雏鸡或 35～60 日龄的青年鸡的发病率和致死率可高达 80%。病愈的雏鸡生长受阻，增重缓慢；成年鸡一般不发病，但为带虫者，增重和产蛋能力降低，是传播球虫病的重要传染源。

1. 流行病学　各个品种的鸡均有易感性，15～50 日龄的鸡发病率和致死率都较高，成年鸡对球虫有一定的抵抗力。病鸡是主要传染源，凡被带虫鸡污染过的饲料、饮水、土壤和用具等，都有卵囊存在。鸡感染球虫的途径主要是吃了感染性的卵囊。人及其衣服、用具、某些昆虫都可成为本病的机械传播者。

在饲养管理条件不良，鸡舍潮湿、拥挤，卫生条件恶劣时，最易发病。在潮湿多雨、气温较高的梅雨季节也易暴发球虫病。

球虫虫卵的抵抗力较强，在外界环境中一般的消毒剂不易将其破坏，在土壤中可保持生活力达 4～9 个月，在有树荫的地方可存活 15～18 个月。卵囊对高温和干燥的抵抗力较弱。当相对湿度为 21%～33% 时，柔嫩艾美耳球虫的卵囊在 18～40℃ 温度下，经 1～5d 就死亡。

2. 临床症状　病鸡精神沉郁，羽毛蓬松，头蜷缩，食欲减退，嗉囊内充满液体，鸡冠和可视黏膜贫血、苍白，逐渐消瘦；常排红色胡萝卜样粪便，若感染柔嫩艾美耳球虫，开始时粪便为咖啡色，以后变为完全的血粪，如不及时采取措施，致死率可达 50% 以上。若被多种球虫混合感染，则粪便中带血液，并含有大量脱落的肠黏膜。

3. 防治措施

（1）成鸡与雏鸡分开喂养，以免带虫的成年鸡散播病原，导致雏鸡暴发球虫病。

（2）加强饲养管理，保持鸡舍干燥、通风和鸡场卫生，定期清除粪便，堆放发酵以杀灭卵囊。保持饲料、饮水清洁，笼具、料槽、水槽定期消毒，一般每周一次，可用沸水、热蒸汽或 3%～5%热碱水等处理。每千克日粮中添加0.25～0.5mg 硒可增强鸡对球虫的抵抗力。补充足够的维生素 K 和给予 3～7倍推荐量的维生素 A 可加速鸡的康复。

（3）药物预防

①氯苯胍　预防按每千克饲料 30～33mg 混饲，连用 1～2 个月；治疗按每千克饲料 60～66mg 混饲 3～7d，后改预防量予以控制。

②氨丙啉　可混饲或饮水给药。混饲预防浓度为每千克饲料 100～125mg配比，连用 2～4 周；治疗浓度为每千克饲料 250mg，连用 1～2 周，然后减半，连用 2～4 周。应用本药期间，应控制每千克饲料中维生素 B_1 的含量，以不超过 10mg 为宜，以免降低药效。

鉴于球虫繁殖周期为 7d，为了更高效、更快捷地治疗球虫疾病，应间隔7d 后再投服一疗程药物，这样可以有效防止球虫病的复发。

（二）鸡虱

1. 流行病学　鸡虱也称鸡羽虱，是鸡体表常见的体外寄生虫。其体长为1～2mm，呈深灰色。体形扁平，分头、胸、腹三部分，头部的宽度大于胸部，咀嚼式口器。胸部有 3 对足，无翅。寄生于鸡体表的羽虱有多种，有的为宽短形，有的为细长形。常见的鸡羽虱主要有头虱、羽干虱和大体虱。头虱主要寄生在鸡的颈、头部，对幼鸡的侵害最为严重。羽干虱主要寄生在羽毛的羽干上。鸡大体虱主要寄生在鸡的肛门下面，有时在翅膀下部，背、胸部也有发现。羽虱通过直接接触或间接接触传播，一年四季均可发生，但冬季较为严重。鸡舍低矮、潮湿，饲养密度大，鸡群得不到沙浴，均可促使羽虱的传播。

2. 临床症状　羽虱繁殖迅速，以羽毛和皮屑为食，鸡奇痒不安，因啄痒而伤及皮肉，使羽毛脱落，日渐消瘦，产蛋量减少。以头虱和大体虱对鸡危害最大，雏鸡生长发育受阻，甚至由于体质衰弱而死亡。

3. 防治措施

（1）用 0.00125％溴氰菊酯溶液或 0.001％～0.002％氰戊菊酯溶液直接向鸡体喷洒或药浴，同时对鸡舍、笼具进行喷洒消毒。

（2）在运动场内建一方形浅池，在每 50kg 细沙内加入硫黄粉 5kg，充分混匀，铺成 10～20cm 厚度，让鸡自行沙浴。

（三）鸡卡氏白细胞虫病

鸡卡氏白细胞虫病又称住白细胞原虫病（或白冠病），是由白细胞虫科白细胞属的原虫寄生于鸡的血细胞和一些内脏器官中所引起的一种疾病，多发生在夏末秋初。吸血昆虫库蠓通过叮咬鸡只传播病原，为主要的传播媒介。各年龄的鸡均可感染本病，育成后期和产蛋期鸡尤为显著，产蛋率下降甚至死亡，造成严重的经济损失，应给予足够的重视。

1. 流行病学　卡氏白细胞虫较具诊断意义的发育阶段是在肌肉和内脏器官组织中形成的裂殖体，以及在血细胞中形成的配子体。裂殖体呈圆形，大小不等，内含点状裂殖子，成熟配子体近圆形，雌性配子体的直径为 12～14μm，有一个直径为 3～4μm 的核。雄性配子体直径为 10～12μm，核直径也为 10～12μm，故整个细胞几乎全为核所占有。卡氏白细胞虫的发育包括裂殖生殖、配子生殖、孢子生殖三个阶段。裂殖生殖和配子生殖的前半部分在鸡体内完成，而配子生殖的后半部分及孢子生殖则在媒介昆虫库蠓体内完成。

本病的发生有明显的季节性，多在雨水多的月份、气温 20℃以上时，库蠓繁殖速度快，活动力强。本病的潜伏期 6～10d，鸡发现症状后 1～2d 可死亡，3～6 周龄的雏鸡发病率和死亡率较高，育成鸡和产蛋鸡发病后死亡率较低，但产蛋鸡群感染后产蛋率大幅度下降，严重者下降达 50％。

2. 临床症状　雏鸡和育成鸡发病初期，精神沉郁，闭目呆立，体温升高，食欲不振，流涎，鸡冠、肉垂、结膜苍白，羽毛松乱，贫血，消瘦，排黄白色或黄绿色水样稀粪，两腿轻瘫，行走困难，呼吸不畅；严重病例口流血，呼吸困难或腹腔内出血而突然死亡，死前抽搐和痉挛。成年蛋鸡主要表现为采食量下降，鸡冠苍白，产蛋率日渐下降，蛋壳变薄，畸形蛋增多。产蛋率正在上升的鸡群，上升停止，甚至略有下降；软壳蛋增多，蛋壳有红色颗粒。鸡冠、肉垂颜色变浅，变为苍白色，鸡冠上有红色颗粒，排黄绿色稀粪。眼结膜苍白。

3. 剖检病变　剖检可见尸体消瘦，血液稀薄，颜色较淡，不易凝固，全身肌肉和鸡冠苍白。特征性病变在胸腿肌肉、胰脏、肠系膜、肠管外表面，心脏、肝脏、脾脏表面及腹部皮下脂肪表面有许多粟粒大小的出血点或灰白色小结节；界限明显；肝脏肿大，有时出现白色小结节；脾脏肿大 2～4 倍，有出血斑点或灰白色小结节，并与周围组织界限清楚。有个别病死鸡腭裂充满带血黏液，气管内有血样黏液，双侧肺脏充满血液，腹腔内有血凝块或黄色浑浊的腹水，肾脏周围常有大片出血，严重者大部分或整个肾脏被血凝块覆盖，心肌有出血点和灰白色小结节。病鸡有的可见输卵管黏膜有红色出血丘疹。

4. 鉴别诊断　可根据临床症状、剖检病变及发病季节作出初步诊断，进一步确诊是检查病原。使用血片检查法，以消毒的注射针头，从鸡的翅下静脉或鸡冠采血一滴，涂成薄片，或是制作脏器的触片，再用姬氏染色法染色，在显微镜下可见到一些血细胞内含有卡氏白细胞虫的配子体，这些细胞往往显著增大，形态改变。也可进行血清学诊断，最常用方法是琼脂凝胶扩散试验，此法具有特异性强、敏感性高等优点，可检出隐性感染鸡。

5. 防治措施

（1）预防

①杀灭媒介昆虫　杀灭媒介昆虫是预防本病的重要环节。库蠓的幼虫生活于水质较为干净的流动的水沟或水田中，而不是在污水及粪便中，因此较难针对库蠓幼虫采取有效杀灭措施。但可用杀虫剂消灭鸡舍内及周围环境中的库蠓成虫。在 5—10 月流行季节对鸡舍内外喷药消毒，如先用 2.5％的溴氢菊脂以 2 500 倍水稀释，进行喷雾杀虫；再喷洒 0.05％消毒液既能抑杀病原，又能杀灭库蠓等有害昆虫。消毒时间一般选在 18：00～20：00，因为库蠓在这一段时间最为活跃。如鸡舍靠近池塘、屋前屋后杂草、矮树较多，且通风不良时，库蠓繁殖速度较快。因此，建议在 6 月之前在鸡舍周围喷洒草甘膦除草，或铲除鸡舍周围的杂草，同时加强鸡舍通风。

②防止库蠓进入鸡舍　鸡舍门、窗可安装门帘、窗户，进气口安装纱网。纱窗上喷洒 6％～7％的马拉硫磷等药物，可杀灭库蠓等吸血昆虫，经过处理的纱窗能连续杀死库蠓 3 周以上。

③药物预防　本病是血液性原虫病，虫体已大量侵害及破坏血细胞的后期才进行药物治疗，一般效果不佳。用药治疗应在感染的早期进行，最好是根据当地以往本病发生的历史，在其即将发生或流行初期进行药物预防，是目前最

有效的和切实可行的方法。卡氏白细胞虫的发育史为 22～27d，因此可在发病季节前 1 个月左右，开始用有效药物进行预防。一般每隔 20～30d，投药 5d，坚持 3～5 个疗程，这样比发病后再治疗更有效。

④增强鸡体抵抗力　做好防暑降温工作，加强鸡舍的通风换气，降低饲养密度；适当提高饲料的营养水平，如增加维生素、动物性蛋白质饲料的用量。保持较好的适口性，添加抗应激剂，做好夏季易发生的传染病和其他寄生虫病的综合防治。

（2）治疗　综合用药治疗效果良好。先用抗原虫药物（如磺胺类药物）进行治疗，病情稳定后可按预防量继续添加一段时间，以彻底杀灭鸡体的虫体。辅助治疗措施包括两种：①在饲料中加入维生素 C 以减少应激，促进伤口愈合，加入维生素 K 以维持鸡体正常的凝血功能，加入维生素 A 以维持鸡体内管壁组织的完好性。另外，还可添加硫酸铜、硫酸亚铁和维生素 E，添加量是正常需要量的 2～4 倍，能提高治疗效果。②调整营养，适当提高饲料中的蛋白质水平，增加蛋氨酸、色氨酸的含量。在饲料中添加酶制剂、酸制剂和其他助消化物质，能增加鸡的食欲，促进消化和维持鸡的肠道菌群平衡，增强抵抗力，加快恢复。

五、中毒病

（一）水中毒病

1. 病因　鸡水中毒病主要发生在通过饮水免疫时，饲养人员为使添加有疫苗的水尽快饮完而实行停水，但由于停水时间过长，鸡群处于一种极度口渴的状态，当再次供给饮水时部分鸡饮水过量，引起发病。此病在夏季及保温育雏阶段多发。

2. 临床症状　水还未饮完就会出现死鸡现象，能抢食的个体易发病。病鸡沉郁，个别有神经症状，嗉囊内充满水，挤压或倒提鸡从口、鼻流出，排水样粪便，肛门周围羽毛变湿，病症严重的抽搐、痉挛死亡。剖检鸡脑膜充血，肠腔内积有水。

3. 防治措施　1% 的食盐、5%～10% 的葡萄糖及适量的多种维生素，用 1～2d。

鸡水中毒病例偶有发生，发病多与人为因素有关，鸡水中毒死亡的原因主要是水盐代谢的紊乱，在救治时要以补充盐分为主，防止本病的发生主要是不能断水时间太长。为保证疫苗的使用效果，根据鸡所处环境温度的高低，使用疫苗前停水一般控制为1～3h为宜。本病雏鸡多发，成年鸡对停水有更好的耐受性。

（二）一氧化碳中毒病

1. 病因　冬季鸡舍特别是育雏舍常用烧火坑、火墙、火炉取暖，煤炭燃烧不完全时即可产生大量的一氧化碳，如果鸡舍通风不良，空气中一氧化碳浓度达到0.04％～0.05％即可引起中毒。

2. 临床症状和病理变化　鸡一氧化碳中毒后，轻症者表现为食欲减退，精神萎靡，羽毛松乱，雏鸡生长速度缓慢；重症者表现为精神不安，昏迷，呆立嗜睡，呼吸困难，运动失调，死前出现惊厥。

3. 剖检病变　病死鸡剖检可见血液、脏器呈鲜红色，黏膜及肌肉呈樱桃红色，并有充血及出血等现象。

4. 防治措施　在生产中，应经常检查育雏舍及鸡舍的采暖设备，防止漏烟倒烟。鸡舍内要设有通风孔，使舍内通风良好，以防一氧化碳蓄积。鸡一氧化碳中毒后，轻症者不需要特别治疗，只要加强通风换气，即可逐渐好转。严重中毒时，应同时皮下注射生理盐水或5％葡萄糖注射液、强心剂，以维护心脏与肝脏功能，促进其痊愈。

（三）有害气体中毒综合征

1. 病因　在通风不良的鸡舍中高密度饲养，如果清粪不及时，舍内积聚形成的氨气、硫化氢等有害气体可使鸡群出现中毒症状，在低气压天气、南风回潮季节更易发生。

2. 临床症状和病理变化　鸡群表现食欲不振。个别鸡咳嗽，流鼻液，呼吸困难，逐渐消瘦。若中毒进一步加深，则病鸡表现为食欲废绝，鸡冠发紫，张口喘气，站立困难，眼睛流泪、角膜和结膜充血，尖叫，共济失调，两腿抽搐，呼吸频率变慢，昏迷，最后因麻痹而死亡。

3. 剖检病变　病鸡尸僵不全，皮下及内脏浆膜有点状出血；喉头水肿、充血，并有渗出物；气管充血，内有多量灰白色黏稠分泌物；肺脏淤血、水肿；心包积液，心肌变性、色淡，心冠脂肪有点状出血；肝脏肿胀；大脑皮质可见充血。死亡率不等，重症的死亡率可达 10％～30％。

4. 防治措施　在生产过程中，要加强鸡舍通风，及时清除粪便。密闭式和半开放式鸡舍要有上、下排气孔，最好使用排风扇等机械装置，以保证空气流通。

目前，对鸡有害气体中毒尚无特效药物治疗，主要靠及时通风换气，给予充足饮水和全价饲料，精心管理，使其尽快恢复。

六、营养代谢病

（一）维生素 A 缺乏症

维生素 A 是一种脂溶性维生素，其功用非常广泛，可保护视力和黏膜，特别是呼吸道和消化道皮层的完整性，并能促进机体骨骼生长，调节脂肪、蛋白质、碳水化合物的代谢功能，使鸡增加抗病能力。

维生素 A 只存在于动物体内，植物性饲料中不含维生素 A，但含有胡萝卜素，黄玉米中含有玉米黄素，它们在动物体内都可以转化为维生素 A。胡萝卜素在青绿饲料中含量比较丰富，在谷物、油饼、糠麸中含量很少。因此，对于不饲喂青绿饲料的鸡来说，维生素 A 主要依靠多种维生素添加剂来提供。

1. 病因　引起鸡维生素 A 缺乏症的因素大致有以下几个方面：

（1）饲料中维生素 A 的添加量不足或其质量低劣。

（2）维生素添加剂配入饲料后时间过长，或饲料中缺乏维生素 E，不能保护维生素 A 免受氧化，造成失效过多。

（3）以大白菜、卷心菜等含胡萝卜素很少的青绿饲料代替维生素添加剂。

（4）鸡长期患病，肝脏中储存的维生素 A 消耗很多而补充不足。

（5）饲料中蛋白质水平过低，维生素 A 在鸡体内不能正常移送，即使供给充足也不能很好地发挥作用。

（6）饲料中存在维生素 A 的颉颃物，如氯化萘等，影响维生素 A 的吸收和利用。

（7）种鸡缺乏维生素 A，其所产的种蛋孵出的雏鸡也存在缺乏维生素 A 的问题。

2. 临床症状　轻度缺乏维生素 A，鸡的生长、产蛋、种蛋孵出率及抗病力受到一定影响，但往往不被察觉。当严重缺乏维生素 A 时，才出现明显的、典型的临床症状。

种蛋缺乏维生素 A，孵化初期死胚较多或胚胎发育不良，雏鸡出壳后体质较弱，肾脏、输尿管及其他脏器常有尿酸盐沉积，眼球干燥或分泌物增多，对传染病的易感性增加。雏鸡维生素 A 缺乏症表现为精神不振，发育不良，羽毛脏乱，步态不稳，往往伴有严重的球虫病。病情发展到一定程度时，出现特征性症状，眼内流出水样液体，眼皮肿胀、鼓起，上下眼皮粘在一起。成年鸡缺乏维生素 A，起初产蛋量减少，种蛋受精率和孵化率下降，抗病力降低。随着病情的发展，逐渐呈现精神不振，体质虚弱，消瘦，羽毛松乱，冠、腿褪色。眼内和鼻孔流出水样分泌物，继而分泌物逐渐浓稠呈牛乳样，致使上下眼睑粘在一起，眼内逐渐蓄积乳白色干酪样物质，使眼部肿胀。口腔黏膜上散布一种白色小脓疱或覆盖一层灰白色假膜。公鸡性功能降低，精液品质下降。

3. 病理变化　剖检病死鸡或重病鸡，可见其口腔、咽部及食管黏膜上出现许多灰白色小结节，有时融合连片，成为假膜，这是本病的特征性病变，成年鸡比雏鸡明显。同时，内脏器官出现尿酸盐沉积，与内脏型痛风相似，最明显的是肾脏肿大，有灰白色网状花纹，输卵管变粗，心脏、肝脏等表面也常有白霜样尿酸盐覆盖，雏鸡的尿酸盐沉积一般比成年鸡严重。

4. 防治措施

（1）平时要注意保存好饲料及维生素添加剂，防止发热、发霉和氧化，以保证维生素 A 不被破坏。

（2）注意日粮配合，日粮中应补充富含维生素 A 和胡萝卜素的饲料及维生素 A 添加剂。

（3）治疗病鸡可在饲料中补充维生素 A，如鱼肝油及胡萝卜等。群体治疗时，可用鱼肝油按 1‰～2‰浓度混料，连喂 5d，可治愈。对症状较重的成年母鸡，每只病鸡口服鱼肝油 1/4 食匙，每天 3 次。

（二）维生素 B_1 缺乏症

维生素 B_1 又称硫胺素，是组成消化酶的重要成分，参与体内碳水化合物的代谢，维持神经系统的正常功能。维生素 B_1 在自然界中分布广泛，多数饲料中都含有，在糠麸、酵母中含量丰富，在豆类饲料、青绿饲料中含量也较多，但在根类饲料中含量很少。

1. 病因　虽然大部分饲料中均含有一定量的维生素 B_1，但其是一种水溶性维生素，在饲料加工过程中很容易损失，而且对热极不稳定，在碱性环境中易分解失效。肉骨粉和鱼粉中的维生素 B_1 在加工过程中绝大部分已丢失。鸡肠道最后段的微生物能合成一部分维生素 B_1，但量很少，也不利于吸收。饲料和饮水中加入的某些抗球虫药物，如盐酸氨丙啉等，能干扰鸡体内维生素 B_1 的代谢。

2. 临床症状　雏鸡的维生素 B_1 缺乏症常突然发生，表现厌食、消瘦、贫血、体温降低、腿软无力，有的腹泻。继而由于多发性神经炎，腿、翅、颈的伸肌痉挛，病鸡以跗关节和尾部着地，仿佛坐于地面，头向后仰，呈特征性的"观星"姿势，有时倒地侧卧，头仍向后仰，严重时衰竭而死。成年鸡发病较慢，除精神、食欲失常外，还表现鸡冠呈蓝紫色，步态不稳，进行性瘫痪。

3. 剖检病变　病死鸡可见皮肤广泛水肿；肾上腺肥大；胃肠有炎症；十二指肠溃疡；心脏右侧常扩张，心房较心室明显；生殖器官萎缩，以公鸡的睾丸较明显。

4. 防治措施　注意日粮中谷物等富含维生素 B_1 饲料的搭配，适量添加维生素 B_1 添加剂。妥善贮存饲料，防止由于霉变、加热和遇碱性物质而导致维生素 B_1 遭受破坏。对病鸡可用硫胺素治疗，每千克饲料 10～20mg，连用 1～2 周。重病鸡可肌内注射硫胺素，雏鸡每次 1mg，成年鸡 5mg，均为 1～2 次/d，连用数天。同时，饲料中适当提高糠麸的添加比例和维生素 B_1 添加剂的含量。除少数严重病鸡外，大多经治疗可以康复。

七、普通病

啄癖是鸡常见普通疾病，是鸡群中的一种异食行为，常见的有啄肛癖、啄趾癖、啄羽癖、异食癖等，其中危害最严重的是啄肛癖。

1. 病因　引起鸡啄癖的因素主要有以下几个方面：

（1）营养缺乏　如日粮中缺乏蛋白质或某些必需氨基酸，钙、磷含量不足或比例失调，缺乏食盐或其他矿物质微量元素，缺乏某些维生素，缺乏饮水，容积性大的饲料供应不足，鸡无饱腹感。

（2）环境条件差　如鸡舍内温度、湿度不适宜，地面潮湿污秽，通风不良，光照紊乱，光线过强，鸡群密集、拥挤，经常停电或突然受到噪声干扰。

（3）管理不当　如品种不同、日龄不同、身体强弱不同的鸡混群饲养；饲养人员不固定；饲料突然变换，饲喂不定时、不定量；鸡群缺乏运动等。

（4）疾病　鸡患体外寄生虫病，如鸡虱、蜱、螨等；体表皮肤创伤、出血、炎症；母鸡脱肛。

2. 临床症状

（1）啄肛癖　成年鸡、幼鸡均可发生，而育雏期的幼鸡多发。表现为一群鸡追逐某一只鸡的肛门，造成其肛门受伤出血，严重者直肠或全部肠子脱出被食光。

（2）啄趾癖　多发生于雏鸡，它们之间相互啄食脚趾而引起出血和跛行，严重者脚趾被啄断。

（3）啄羽癖　也称食羽癖，多发生于产蛋高峰期和换羽期，表现为鸡相互啄食羽毛，情况严重时有的鸡背上羽毛全部被啄光，甚至有鸡被啄伤致死。

（4）异食癖　表现为鸡群争食某些不能吃的东西，如砖石、稻草、石灰、羽毛、破布、废纸、粪便等。

3. 防治措施　较彻底的防治措施是在 25～30 日龄进行断喙手术。另外，饲料要多样化，搭配要合理，最好根据鸡的年龄和生理特点给予全价日粮，保证蛋白质和必需氨基酸（尤其是蛋氨酸和色氨酸）、矿物质、微量元素及维生素的供给。在母鸡产蛋高峰期，要注意钙、磷饲料的补充，使日粮中钙的含量达到 3.25%～3.75%，钙、磷比例为 6.5：1。

鸡舍内要保持温度、湿度适宜，通风良好，光线不能太强。做好清洁卫生工作，保持地面干燥。环境要稳定，尽量减少噪声干扰，防止鸡群受惊。饲养密度不能过大，不同品种、不同日龄、不同强弱的鸡要分群饲养。更换饲料要逐步进行，最好有 1 周的过渡时间。喂食要定时、定量，并充分供给饮水。在鸡舍或运动场内设置沙浴池，或悬挂青绿饲料，借以增加鸡群的活动时间，减少相互啄食的机会。

在饲料中增加 1%～1.5% 的食盐，连续饲喂 3～5d，啄癖可逐渐减轻以至消失。但不能长时间饲喂，以防食盐中毒。患有严重啄癖的鸡群，要降低鸡舍内的光线强度，使鸡能看到食物和饮水即可，必要时可采用红光照明。被啄伤的鸡要立即挑出，伤口用 2% 龙胆紫溶液涂擦后隔离饲养。

第八章
宁都黄鸡养殖场建设与环境控制

第一节　宁都黄鸡养殖场选址与建设

场址选择与建设以方便生产经营、便利交通、防疫条件好为原则，在实际建设中，养殖场（小区）选址必须符合当地"三区"划分要求，建设在规划的非禁养区内，且符合《畜牧法》《动物防疫法》《动物防疫条件审查办法》规定的要求。具体选址与建设应考虑以下几个方面。

一、地理条件

充分利用林地、果园、茶园、草山、草坡等林地的生态环境养鸡，山地坡度小于 20°。向阳背风，水源充足，土质透气、透水性好，排水良好，周围便于排污处理利用，且无污染、无疫源、离噪音远。

二、水质条件

水质较好，取水方便，符合饮用水标准；水源要远离城市，防止被污染；最好引用稳定水源的山泉水或自打水井并修水塔，保证饮水需要。

三、土壤条件

要求未被传染病污染，透气性和透水性良好，以保证场地干燥。

四、气候条件

了解鸡场所在地的气象条件（如主导风向、年平均降水量、年平均气温、

当地最高气温、当地最低气温等），以便建筑设计和指导生产。

五、供电条件

保证任何时候都能正常供电，有条件的可安装双路供电系统，自备发电机以防停电。

六、交通条件

除禁止在旅游区、自然保护区、水资源保护区和环境公害污染严重的地区建场外，在选择交通条件方便的同时，应综合考虑防疫和运输的需要，距交通干线1 000m以上。

七、疫情环境

距居民区、城镇、学校、医院、工厂等公共场所及其他畜禽养殖小区（场）1 000m以上，距屠宰场、畜产品加工厂、大型化工厂、垃圾及污水处理场所3 000m以上。

第二节　宁都黄鸡鸡舍建筑的基本原则

宁都黄鸡是饲养期比较长（110～120d）、肉质优良的地方品种，山地散养是适合宁都黄鸡习性的一种饲养模式，这种饲养模式具有固定资产投入较小、简便易行，且有利于提高商品鸡的品质等优点，适合养殖户分散饲养。

鸡舍建筑应遵循"统一开发、统一规划、合理布局、便于防疫、便于组织生产、投资节约"的原则。分区布局一般为：生产、办公、生活、粪污处理等区域。

一、各区设置的具体原则

（一）办公生活区

与生产区相连，有围墙（栏）或明显的成排树木等天然的隔离带隔开，有条件的场生活区最好自成一体，距办公区和生产区100m以上。

（二）粪污处理区

应在主风向的下方，与生活区和生产区保持较远的距离。

（三）排列顺序

按主导风向、地势高低及水流方向依次为生活区、行政区、生产区和粪污
处理区，如地势与风向不一致时则以主导风向为主。各场区之间要有隔离带，
隔离带可以是绿化带、防疫带、围墙或规定的防疫距离。

（四）全进全出

场内各栋栏（笼）舍在布局上要考虑全进全出模式。

二、鸡舍建筑的具体原则

对宜养的山场最好独场（户）开发，对较大的山场也可联户统一开发、
统一规划，建成相对封闭的养殖小区。养殖场（小区）内划分若干个相对独
立的养殖单元建设养鸡大棚。每 $3\,000\sim7\,000m^2$ 林地为一个单元，建棚 $5\sim$
8 个，大棚面积每个 $100\sim120m^2$，相配套的活动场地 $300\sim500m^2$，可饲养
黄鸡 $2\,000\sim2\,500$ 只，每一养殖单元每批养殖量为 $10\,000\sim20\,000$ 只。鸡
舍地面采用水泥抹面，并高出场区地面 $20\sim30cm$。墙壁具有良好的保温和
隔热性能，内墙面用水泥或白灰抹面，便于清扫、清洗和消毒，坚固抗震，
防水耐用。墙高 $1.5m$，顶高 $2.5m$，休憩场所 $40m^2$，侧墙每 $3m$ 设一个地
窗（便于通风），棚顶安装 $6\sim8$ 套紫外线灯（在白天放养时，将鸡驱出，栏
舍内可开启 $30min$ 消毒）。栏舍四周处开挖排污沟，三面水泥粉面，上面加
盖漏污板，污水汇集处建设一个二级沉淀池；扩繁种鸡舍为窗式或卷帘式
鸡舍，以自然通风、采光为主，辅以人工补充光照和机械通风。根据鸡舍
采光、保温、通风及当地主风向确定，以朝南为主。鸡舍内地面和墙壁要
用水泥硬化，便于冲洗和消毒，舍内外地面应有一定高度，舍内应设排水
孔，以便污水顺利排出。鸡舍檐高不低于 $3m$，建筑面积根据所选地形和
养殖规模确定，以长 $45\sim60m$、宽 $9\sim12m$ 为宜，单栋栏舍面积不超过
$600m^2$。

第三节　宁都黄鸡场内防疫设施设备

宁都黄鸡养殖场内必要的防疫设施设备不仅可以保证养鸡生产的正常进行和健康发展，避免发生疫情造成的损失，而且可以保证黄鸡的质量，节约养殖成本，提高养殖效益。场内防疫设施设备应选用通用性强，高效低耗，要求无毒害、耐腐蚀、易除粉尘、结实耐用、配件齐全、能及时更换、便于维修。

一、清洗与消毒

鸡舍门口和生产区入口都应设立消毒池，对人员鞋底和车辆进行消毒。生产区入口处设消毒间和更衣室。厂区配备高压清洗机和火焰消毒器，有条件的鸡场配置专用厂区消毒车。

二、防疫设备

建立兽医室，配有冷冻冷藏设备、喷雾器等防疫设备，备好消毒药、常用抗生素、疫苗等。

三、无害化处理

病死鸡的处理，原则上每5～10个养殖大棚应选择在其下风向建一个干性化尸窖，要求深度达到5m以上，顶部用水泥现浇并开设投入口，加盖密封。鼓励有条件的鸡场建立高温生物降解技术设备处理病死鸡，生产有机肥。

四、粪污处理

要求有统一的粪污排放、贮存、清理、处理设施。山地散养肉鸡场应建能满足生产需要的贮粪棚、污水沉淀池、干性化尸窖，种鸡场按照污染零排放要求及实际生产规模规划设计粪污处理系统。

五、辅助设施设备

建设相对独立的引入黄鸡隔离舍与患病黄鸡隔离舍；生产区有良好的通风、采光设施设备；进入生产区必须穿工作服和胶靴，工作服应保持清洁，并定期消毒等。

第四节　宁都黄鸡养殖环境控制

宁都黄鸡饲养过程中要注意几个关键环境因素的控制。

一、温度控制

在育雏期需要人工控制温度。宁都黄鸡山地散养一般采用薄膜在大棚内分隔成简易育雏室进行地面育雏，供热方法主要有地下管道供热及棚内煤（炭）炉供热。在进雏前育雏室内地面要用消毒过的稻草、谷壳等垫好，并提前将育雏室地面温度升高到35℃左右，进雏后温度每周降低2～3℃，控制温度主要靠人工掀闭薄膜。不同的季节，保温期不同，夏季15～18d即可，冬季需要25～28d。脱温可在天气放晴时打开地窗，让鸡群自由与外界接触。开始实施脱温的2～3d，可在白天停止人工供热，夜晚适当人工升温。鸡群脱温后，可较好地适应棚外环境温度，不需再人工干预。

二、湿度控制

鸡喜燥怕湿，环境湿度过大，病原容易滋生，因此要尽可能保持棚内及环境干燥。育雏时育雏室要定期添加垫料，脱温后一次性全部清理并消毒。大棚应建在背风一侧山腰，周围的活动场所要有一定坡度，保证鸡活动场所不积水，忌将大棚建在地势低、易积水的地方。在活动场所要设置饮水设施，鸡脱温后即训练鸡在棚外饮水，以保持棚内干燥。下雨时要及时将鸡驱赶入棚，防止鸡体羽毛被淋湿。

三、空气质量控制

改善空气质量是减少鸡群呼吸道疾患的有效手段之一。控制空气质量的关键是减少空气中有害气体的浓度，特别是在保温期，鸡群密集时活动空间有限，多数养殖户重保温而忽视通风，造成氨气、一氧化碳、二氧化碳等有害气体在棚内积聚，空气质量极差，严重影响了鸡的生长，甚至诱发疾病。做好空气质量的控制，首先要重视大棚通风，要求大棚有一定高度，棚顶高2.5m以上，最矮处在1.2m以上，南北向空气能够对流。大棚设有地窗，能定时打开，以便排出有害气体，用煤（炭）炉供热的要设排气管道。其次要及时清除

棚内粪便，脱温时一次性清理后每周对棚内地面清扫、消毒1～2次，粪便可用空饲料袋收集。再次是棚外鸡的活动场所有一定林木，对林木较少的山场在建鸡棚时就要考虑人工栽种树木（果树、灌木林），也可撒播或移栽白背黄花稔、野葡萄、苦楝树等。因为林木能吸收部分有害气体，净化鸡场空气，改善林地植被，防止水土流失。

四、光环境控制

进雏的最初几天，育雏室白天可采用自然光照，晚上用白炽灯补充光照，使鸡能尽快学会饮水和采食，补充光照强度控制在3～5W/m²，在鸡全部开食后，过渡到自然光照。在整个饲养过程中，白天应设法控制过强的光照，以减少鸡的打斗和互啄，有效的方法是在鸡的活动场所尽可能多种树木。

五、土壤环境控制

最适合养殖宁都黄鸡的土壤是渗水性能良好的沙质土和岩浆岩土。在黏土、红壤土等土质的山地上养鸡，要注意排水，确保不积水，并在树底下的地面人工设置一些沙堆，供鸡嬉戏。对鸡活动场地的土壤实施消毒困难，改善土壤环境更多是依赖环境的自净作用，通过阳光自然照射，雨水冲刷，植物的吸收、吸附和杀菌功能使土壤环境得到改善。为此，要注重养殖单元内鸡的全进全出，并建立休养制度。最好能做到养殖单元每养一批鸡休养3～6个月。

六、水环境控制

在规划建设养鸡场时就要将水源作为重要的前提条件。鸡场饮用水源必须水质较好，取水方便，符合饮用水标准，最好引用稳定水源的山泉水或自打深水井并修水塔，保证饮水需要，打井处避开鸡的活动场。鸡场饮用水不要使用河（溪）水、山（池）塘等地表水。

七、社会环境控制

主要有3个方面，一是对人行为的控制，要建立健全相关的养殖场规章制度，并严格执行；二是对其他动物的控制，要尽量避免其他动物进入鸡场，禁止鸡与其他动物混养；三是要尽可能保持场内防疫制度的稳定，除进雏外，饲养阶段做到鸡只出不进。另外，鸡群免疫、预防用药要有计划地进行，防止滥用。

第九章
宁都黄鸡养殖场废弃物处理与资源化利用

第一节　原　　则

　　畜禽养殖粪污治理与废弃物循环利用已成为当前重大的环保问题，各级政府和社会各界对此高度重视和普遍关注。依据《中华人民共和国环境保护法》《中华人民共和国水污染防治法》《中华人民共和国固体废物污染防治法》《中华人民共和国大气污染防治法》《中华人民共和国畜牧法》等法律，国务院颁布了《畜禽规模养殖污染防治条例》，农业部制定了《畜禽养殖业污染物排放标准》（GB 18596—2001）和《畜禽养殖业污染防治技术规范》等法规，各级政府也相继出台了相关政策。根据相关法律法规和政策规定及宁都县黄鸡养殖的具体情况，宁都黄鸡养殖废弃物处理与资源化利用应遵循"资源化、生态化、无害化、减量化、综合利用优先化、运行费用低廉化"的原则，力求从源头减少污染，最大限度地实现养殖业废弃物的资源化和综合利用，以较低成本，解决环境污染，推动新型生态养殖模式的健康发展。

第二节　模　　式

　　宁都黄鸡养殖全面推广"七个一"［一户农户、选一片山地、加盟一个合作社（公司）、建一个黄鸡养殖场、管护一片林（果）木、实现100万元产值、获得10万元利润］林下生态养殖模式，充分利用闲置的山地林木、果园、茶园等实现生态绿色养殖。在养殖废弃物处理与资源化利用上，综合考虑地形、地貌、气候特点、产业现状、生产生活方式等因素，采取以下3种模式开展粪污治理和废弃物的循环利用。

一、种养平衡模式

该模式主要用于商品鸡林下生态养殖模式，遵循生态学的原理，按林地规模确定黄鸡养殖规模，以土地消纳粪便，制订并实施科学规划，用养殖粪便作为种植业有机肥料供应源，将粪便密闭存放腐熟后就地还田（林、果）。山地大棚养鸡一般采用人工清粪，鸡粪每 3d 清理一次，采用编织袋收集密封发酵法发酵，发酵后的鸡粪应及时运出场。使用垫料的饲养场，肉鸡出栏后一次性清理垫料，饲养过程中垫料过湿要及时清出，清出的垫料和粪便在固定地点进行高温堆肥处理，堆肥池应为混凝土结构，并有房顶，粪便经堆积发酵后作农（林、果）业用肥。

二、沼气生态模式

该模式主要用于种鸡（扩繁鸡）场，采用干清粪工艺，达到干湿分离、雨污分流要求，依靠较为完善的处理系统，将养殖黄鸡粪便干清后经编织袋收集密封发酵，冲洗栏舍污水进入沼气池，经过生物发酵处理产生沼气，最大限度地回收能源，以沼渣、沼液还田（林、果）利用为纽带，以多种园艺种植利用为依托，大幅度提高黄鸡养殖废弃物综合利用效益，消除养殖废弃物产生的环境污染。主要推荐使用机械清粪，粪沟设计时要考虑粪沟宽度、所用的粪车及绳索、减速机、转角滑轮等。粪沟宽度一般按照所使用的鸡笼类型（鸡笼分全阶梯式和半阶梯式）设计，注意最底层笼前沿与粪沟线在同一条线上，防止鸡粪落在走廊，影响防疫。粪沟深度一般前高后低，形成微型坡度，粪沟末端高度以刮出的粪不能溢出地面为原则，末端一般与外界相通，尽可能一次性将粪刮出舍外。污水通过管道统一进入沼气池，经无害化处理后排放。

三、土地利用模式

该模式正在积极探索之中，按照"政府主导、企业主体、市场运作、财政补助"的要求，依靠现代化的设备组成比较完善的处理系统，建立有机肥厂，将养殖粪便进行干湿分离，将其中干物质统一收集，生产商品有机肥，销售到更远的地区，实现在更大区域内的种养平衡。再利用天然或人工的湿地、厌氧消化系统对污水进行净化处理。通过资源化处理养殖粪便和污水，实现养殖环境效益和经济效益的双赢。

第十章
宁都黄鸡开发利用与品牌建设

第一节　宁都黄鸡资源保护现状

　　自 20 世纪 80 年代末至 90 年代中期，宁都黄鸡生产量逐年增加，但随着商品流通加快，大量纯正的土种黄鸡被当作商品鸡销往粤、闽市场，导致产地纯正的黄鸡比例日渐减少，种源数量呈逐年减少的趋势，引起各级政府及业务部门的高度重视。1997 年，经江西省科技厅批准，由江西农业大学、宁都县畜牧兽医技术服务中心（现更名为宁都县畜牧兽医局）联合攻关，开始了"宁都黄鸡选育"课题研究。历时 5 年，2002 年 4 月 26 日经江西省畜禽品种审定委员会审定通过，宁都黄鸡由江西省农业厅颁发了畜禽新品种证书，并列入江西省首批畜禽遗传资源保护名录；同时，江西省质量技术监督局组织制定和颁布了《宁都黄鸡品种标准》。宁都黄鸡选育课题完成后，每年继续安排一定的保种经费，对宁都黄鸡资源保护常抓不懈，进一步健全完善宁都黄鸡良种繁育体系，宁都黄鸡产业已形成以自然保种区-原种场-扩繁场-商品鸡生产-销售为一体的产业链。现有宁都黄鸡原产地保护区 1 个，宁都黄鸡原种场 1 个，存笼种鸡 12 000 套；核心种鸡场 1 个，存笼种鸡 10 000 套；黄鸡扩繁场 42 个，存笼种鸡 50 万套（其中一级扩繁场 2 个，存笼种鸡 70 000 套；二级扩繁场 4 个，存笼种鸡 40 000 套），已形成 5 000 万只商品苗鸡生产能力。种源数量与供种能力具备了快速扩张的能力，以满足产业发展之需。

　　宁都黄鸡原种场父本与母本配套品系培育工作在江西省农业科学院和江西省农业大学的支持下着手开展，目的是在保持现有优良遗传性状的同时，缓步提高宁都黄鸡产蛋性能，降低种苗生产成本；在保持优良肉质性状的同时，利用配套努力探索工厂化生产，尽快降低饲养成本，提高产品竞争力。同时，准备申请国家畜禽遗传资源保护计划。

第二节　宁都黄鸡新品种培育与推广

宁都黄鸡新品种培育工作由江西省农业科学院和江西农业大学合作，2015年"宁都黄鸡品系选育技术研究"被确认为江西省科学技术成果。开展培育配套品系，在保持现有优良遗传性状的同时，缓慢提高宁都黄鸡产蛋性能，降低种苗生产成本；在保持优良肉质性状的同时，利用配套努力探索工厂化生产，尽快降低饲养成本，提高产品竞争力。

第三节　宁都黄鸡营销与品牌建设

一、营销

宁都黄鸡是优质的地方鸡种，羽毛光丽，肉质优良，营养丰富，有一定的品牌知名度，产地生态、区域优势明显。据相关资料显示，未来10年我国鸡肉消费将达到人均20kg，消费总量可达到2 700万t，将成为世界鸡肉消费第一大国。受民族和地区饮食文化的影响，当前东南亚及我国广东省、福建省、港澳地区、台湾省以消费"三黄"为特征的优质黄羽肉鸡为主。随着人们对优质黄羽肉鸡需求的日益增长，市场范围由南向北推进已成趋势，浙江省、江苏省、湖北省、上海市，以及长江中下游沿江各大中城市对优质黄羽肉鸡的需求也迅速增加。在营销上，以鲜活销售的宁都黄鸡的销售渠道不断扩大。随着国家市场准入制度的实施，逐步推行禁止活鸡上市政策后，发展方向为屠宰冷鲜加工，由加工企业通过配送冷鲜鸡至超市、餐饮店及通过电商实现消费者的网上购物等，对宁都黄鸡销售市场、品牌知名度及市占有率等的提升将起到举足轻重的作用，市场销售半径将进一步扩大。

二、品牌建设

多年来，宁都黄鸡一直追求做"强、大、特、优、绿"，并注重品牌建设，近年来，先后在CCTV-7《科技苑》《致富经》《农广天地》《每日农经》等栏目进行专题宣传。2005年宁都黄鸡获得国家工商总局证明商标注册；2008年被认定为无公害农产品；2009 年被评为江西省著名商标、赣州市知名商标；2010 年通过农业部地理标志认证；2012 年被评为中国驰名商标；2016 年宁都黄鸡通过国家质量监督检验检疫总局生态原产地产品保护认定，获生态原产地产品保护证书，被评为 2017 年中国百强农产品区域公用品牌，并获价值 6.72 亿元人民币评估证书。今后，宁都县将从企业、政府、社会三个层面共同发力，携手齐心做强宁都黄鸡品牌。

1. 企业主动创品牌　企业是产业发展和品牌建设的主体。宁都县将加强黄鸡企业品牌能力建设，增强企业品牌意识，提升品牌培育和营销能力。鼓励黄鸡企业加大科研投入，提高产品质量，加强市场营销，提升品牌知名度。同时，引进食品加工企业，引导企业延伸产业链，采取冷链或熟食加工等手段，完善宁都黄鸡产业链。

2. 政府支持创品牌　加大宁都黄鸡产业扶持力度，对龙头企业给予政策支持；加强宁都黄鸡品牌保护，整合市场监管、公安等部门力量，开展宁都黄鸡商标产权保护，严厉打击侵权行为；举办宁都黄鸡美食文化节，开展厨艺大赛、菜肴评比、产品推广、技术讲座等活动，宣传推广宁都黄鸡，提高宁都黄鸡知名度。

3. 社会关注创品牌　精心包装宁都黄鸡品牌，积极对外开展品牌宣传，动员和整合社会各界和宁都县在外乡贤的力量，充分利用网络、报纸、电视等新闻媒体，加大宁都黄鸡的宣传推广力度，进一步提高宁都黄鸡的知名度和美誉度。

参　考　文　献

陈宽维，谌澄光，钟新，等，2003. 宁都黄鸡的选育与开发利用 ［J］. 中国家禽，25
　（15）：47-48.

陈振海，曾振峰，刘中云，等，2014. 宁都黄鸡果园生态养殖技术要点 ［J］. 当代畜牧
　（10）：2.

谌澄光，郭小鸿，李良鉴，等，2002. 宁都黄鸡体形外貌选育的研究 ［J］. 江西农业大学
　学报，24（5）：565-568.

谌澄光，李良鉴，郭小鸿，等，2002. 宁都黄鸡繁殖性能及种蛋品质的研究 ［J］. 江西农
　业大学学报，24（6）：854-859.

谌澄光，李良鉴，李兴辉，等，2003. 江西宁都黄鸡肉质性状的研究 ［J］. 中国家禽，25
　（10）：7-9.

谌澄光，李兴辉，郭小鸿，等，2002. 宁都黄鸡体尺选育及肉质性状比较的研究 ［J］. 江
　西农业大学学报，24（6）：860-864.

谌澄光，周振明，李良鉴，等，2002. 宁都黄鸡外貌特征及生长性能的研究 ［J］. 江西农
　业大学学报，24（2）：151-155.

郭小鸿，杨红，杨小波，等，2008. 宁都黄鸡山地大棚散养环境控制要点 ［J］. 中国家禽，
　30（21）：43-45.

郭小鸿，杨小波，2009. 宁都黄鸡山地大棚散养的基本福利要求 ［J］. 江西畜牧兽医杂志
　（3）：30.

郭小鸿，杨小波，杨红，等，2006. 鸡水中毒病例 ［J］. 江西畜牧兽医杂志（6）：47-48.

国家畜禽遗传资源委员会，2010. 中国畜禽遗传资源志 ［M］. 北京：中国农业出版社.

胡小芬，高军，艾华水，等，2004. 江西地方鸡种的 AFLP 多态性及其群体遗传关系 ［J］.
　农业生物技术学报，12（6）：662-667.

赖以斌，黄峰岩，2001. 江西畜禽品种志 ［M］. 南昌：江西科学技术出版社.

李海鹤，万明辉，杨小波，等，2013. 宁都黄鸡与宁都杂交鸡肉质特性比较 ［J］. 动物营
　养学报，25（12）：3006-3012.

李良鉴，郭小鸿，谌澄光，2003. 宁都黄鸡历史与典型自然地理环境简析 ［J］. 中国家禽，

25（1）：33-34，6.

李良鉴，曾庆玲，郭小鸿，2002. 宁都黄鸡饲养管理和疫病防治技术要点［J］. 江西畜牧
　　兽医杂志（3）14-16.

李小卫，杨小波，杨红，等，2014. 一例鸡感染冠癣的诊治［J］. 江西畜牧兽医杂志（4）：
　　39-40.

李兴辉，李文，李小卫，2010. 宁都黄鸡禽流感（H5＋H9）免疫程序初探［J］. 江西畜牧
　　兽医杂志（1）：15-16.

刘浩元，詹周荣，2001. 对我省地方鸡资源开发、利用、保护之浅见［J］. 江西畜牧兽医
　　杂志（2）1-3.

欧阳建华，柳小春，施启顺，等，2003. 鸡胰岛素样生长因子—I基因的遗传多态性检测
　　［J］. 畜牧兽医学报，34（6）：525-529.

任军，高军，黄路生，等，2001. 江西省主要地方鸡种的RAPD分析及其群体遗传关系的
　　研究［J］. 遗传，23（4）：301-305.

舒希凡，林树茂，等，2001. 江西地方鸡种肌肉脂肪酸组成的测定与分析［J］. 动物科学
　　与动物医学，18（6）：22-24.

万明辉，2013. 宁都黄鸡种蛋贮存与孵化期蛋重变化规律研究［J］. 黑龙江畜牧兽医
　　（15）：76-78.

万明辉，黄东明，苏明卫，2014. 宁都黄鸡与杂交鸡不同产蛋期蛋品质比较分析［J］. 江
　　苏农业科学，42（5）：189-190.

万明辉，苏红卫，林春斌，等，2014. 宁都黄鸡蛋与常见市售鸡蛋品质比较分析［J］. 食
　　品科技（2）：72-75.

杨德茂，刘龙兴，杨华英，等，2016. 宁都黄鸡"七个一"生态养殖模式［J］. 中国畜牧
　　业（13）：82-83.

杨德茂，苏传勇，马颂华，等，2009. 宁都黄鸡标准化养殖小区建设要点［J］. 中国家禽，
　　31（22）：62.

杨德茂，涂波涛，2008. 依托资源优势大力发展宁都黄鸡产业［J］. 中国禽业导刊，25
　　（1）：29.

杨小波，郭小鸿，杨红，2013. 白背黄花稔改善山地散养鸡场环境的作用［J］. 江西畜牧
　　兽医杂志（6）：66.

张德详，2001. 江西土鸡引种观察测定报告［R］. 深圳：第十次中国家禽学术研讨会论文
　　集.

附　　录

附录一　宁都黄鸡产业发展记事

1.1997年《宁都黄鸡选育》课题由江西省科技厅下达科技计划任务书并开始实施，宁都黄鸡原种场组建，并划定宁都黄鸡自然保护区。

2.2002年宁都黄鸡通过江西省畜禽品种审定委员会审定获得畜禽新品种证书。

3.2002年《宁都黄鸡选育》课题通过省科技厅组织的成果鉴定，并获2003年度江西省科学技术进步奖三等奖。

4.2002年《宁都黄鸡品种标准》由江西省质量技术监督局颁发。

5.2003年宁都黄鸡产业协会成立。

6.2004年从事宁都黄鸡产业的宁都山凤凰禽业有限公司获批省级农业产业化龙头企业。

7.2005年宁都黄鸡证明商标注册。

8.2008年宁都黄鸡获农业部无公害农产品认证证书。

9.2008年宁都县首批宁都黄鸡养殖专业合作社（长茂、春茂）成立，2011年获批省级示范合作社。

10.2009年宁都黄鸡被评为江西省著名商标、赣州市知名商标。

11.2009年宁都黄鸡列入江西省首批畜禽遗传资源保护名录。

12. 2010年宁都黄鸡获农业部农产品地理标志登记证书。

13. 2011年国家富民强县项目《宁都黄鸡标准化生态养殖技术集成示范与产业化建设》在我县开始实施。

14. 2012年宁都黄鸡获中国驰名商标。

15. 2012年宁都县畜牧兽医局实施的《宁都黄鸡及配套技术示范推广》项目，通过省科学技术厅组织的成果鉴定，并获2013年度全国农牧渔业丰收奖二等奖（农业技术推广成果奖），2014年度赣州市人民政府科学技术进步二等奖。

16. 2013 年江西惠大实业有限公司（省级农业产业化龙头企业）建成 15 万套规模宁都黄鸡育种中心，为江西省规模最大的地方品种鸡繁育基地，并于 2014 年评为国家级标准化示范场。

17. 2014 年江西惠大农牧科技有限公司宁都黄鸡养殖场（田埠）建成年出栏 200 万羽商品鸡养殖基地，经验收，评为省级标准化示范养殖场，2015 年评为国家级标准化示范养殖场。

18. 2016 年宁都黄鸡通过国家质量监督检验检疫总局生态原产地产品保护认定。

附录二 《宁都黄鸡》
（DB36/T 384—2019）

1 范围

本标准规定了宁都黄鸡的品种来源和特性、体型外貌、体重和体尺、生产性能和测定方法。

本标准适用于宁都黄鸡品种。

2 规范性引用文件

下列文件对于本文件的应用是必不可少的。凡是注明日期的引用文件，仅所注日期的版本适用于本文件。凡是不注日期的引用文件，其最新版本（包括所有的修改单）适用于本文件。

NY/T 823 家禽生产性能名词术语和度量统计方法

3 品种来源和特性

宁都黄鸡原产于江西省宁都县，主要分布于宁都县、于都县、兴国县及瑞金市等周边县市。属肉蛋兼用型地方鸡种，具有性成熟早，性格活泼，抗逆性强，觅食力强，肉质优良等特性。

4 体型外貌

4.1 宁都黄鸡体型较小，胫细短，羽、胫、喙和皮肤为黄色，单冠，冠齿5-7个。冠、髯、睑、眼圈、耳叶为红色。成年公鸡体较宽，腿肌较发达，尾部有少量黑色羽毛。成年母鸡羽毛较紧凑，胸部较发达，尾羽不发达佛手状下垂。

4.2 雏鸡绒毛呈淡黄色。

5 体重和体尺

宁都黄鸡成年鸡（43周龄）体重和体尺指标范围，见表1。

表 1　成年鸡（43 周龄）体重和体尺

项目	公鸡	母鸡
体重（g）	2 150～2 350	1 550～1 650
体斜长（cm）	22.3～23.7	18.9～19.6
龙骨长（cm）	13.6～14.1	9.8～10.5
胸深（cm）	9.6～10.8	8.2～9.5
胸宽（cm）	8.3～8.8	6.7～7.5
胫长（cm）	9.3～9.6	6.6～7.6
胫围（cm）	4.5～4.7	3.4～3.8

6　生产性能

6.1　生长性能

宁都黄鸡初生至 16 周龄体重见表 2。

表 2　宁都黄鸡初生至 16 周龄体重

周龄/周	体重/g	
	公鸡	母鸡
初生	30～31	30～31
2	95～105	93～98
4	220～230	210～220
6	410～425	380～400
8	620～650	540～590
10	900～980	720～780
12	1 200～1 320	910～975
14	1 450～1 570	1 130～1 190
16	1 690～1 780	1 290～1 360

6.2　屠宰性能

宁都黄鸡 16 周龄屠宰性能见表 3。

表 3　宁都黄鸡（16 周龄）屠宰性能

项目	公鸡	母鸡
活重（g）	1 750～1 850	1 350～1 450
屠宰率（%）	89.2～92.6	88.9～91.8

（续）

项目	公鸡	母鸡
半净膛率（%）	79.5～81.5	73.8～76.9
全净膛率（%）	68.6～71.2	64.1～67.5
双腿率（%）	31.2～32.0	30.1～30.9
胸肌率（%）	15.8～16.3	16.8～17.6

6.3 繁殖性能

宁都黄鸡繁殖性能见表4。

表4 繁殖性能

项目	表型值
5%开产日龄（d）	不限料120～135；限料155～165
43周龄产蛋数（个）	78～88
43周龄蛋重（g）	40.5～43.5
蛋壳颜色	浅褐色（粉色）
受精率（%）	91～93
受精蛋孵化率（%）	90～92

6.4 蛋品质性能

宁都黄鸡43W蛋品质性能见表5。

表5 蛋品质性能

项目	表型值
蛋重（g）	43.5～48.5
蛋壳强度（kg/cm^2）	3.4～5.1
蛋白高度（mm）	4.2～6.4
哈氏单位（HU）	76.9～82.7
蛋形指数	1.31～1.36
蛋壳厚度（mm）	0.31～0.34

7 测定方法

宁都黄鸡体型外貌、体重体尺、生长发育、繁殖性能、屠宰性能和蛋品质性能等测定按照 NY/T 823 的规定执行。

彩图1 宁都黄鸡公鸡

彩图2 宁都黄鸡母鸡（左）和公鸡（右）

彩图3 灌木林下养殖

彩图4 林下养殖

彩图5 松树林下养殖

彩图6 白背黄花稔下养殖

彩图7 果园养殖

彩图8 年出笼200万只养殖基地

彩图9　年出栏300万只养殖基地

彩图10　宁都黄鸡规模养殖

彩图11　宁都黄鸡原种场

彩图12　原种场种鸡养殖

彩图13　惠大公司宁都黄鸡核心场

彩图14　惠大公司宁都黄鸡扩繁场

彩图15　宁都黄鸡孵化车间

彩图16　宁都黄鸡入孵种蛋

彩图17　宁都黄鸡苗鸡

彩图18　规模饲养的阉公鸡

彩图19　阉公鸡用具

彩图20　阉公鸡手术

彩图21　进食减少或不食

彩图22　呆立不动

彩图23　羽毛蓬松、精神沉郁

彩图24　头部水肿

彩图25　鸡冠发绀

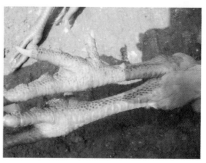

彩图26　腿部鳞片出血

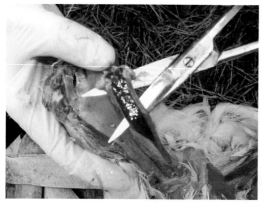

彩图27　气管充血、出血

彩图28　排绿色粪便

彩图29　腺胃乳头出血

彩图30　支气管内纤维素性团块

彩图31　喉头充血、出血

彩图32　深层肌肉损伤